ASTROPOLITIK

Die Geopolitik des Weltraums

Jose Ruiz Watzeck

WATZECK HOME STUDIUS DIGITAL

INHALT

EINFÜHRUNG

An der Schwelle zum dritten Jahrtausend erleben wir einen paradigmatischen Wandel in der Art und Weise, wie wir den Raum, der uns umgibt, wahrnehmen und mit ihm umgehen. Der Aufstieg der Astropolitik als Studien- und Praxisgebiet spiegelt nicht nur eine technische Entwicklung wider, sondern auch eine komplexe Entwicklung politischer, strategischer und diplomatischer Beziehungen, die über die irdischen Grenzen hinausgehen. Diese Arbeit mit dem Titel „Astropolitics: The Geopolitics of Space" versucht, die Komplexität dieses multidisziplinären Themas zu erläutern, zu analysieren und zu kontextualisieren.

Die Reise beginnt mit einer präzisen und umfassenden Analyse der Definition und Relevanz der Astropolitik in der heutigen Zeit. Im ersten Kapitel tauchen wir in die Essenz der Astropolitik ein, einem hybriden Begriff, der die Weiten des Kosmos mit den Feinheiten der internationalen Politik verbindet. Astropolitik wird hier als ein Forschungsgebiet postuliert, das über den wissenschaftlichen Bereich hinausgeht und sich mit den komplizierten geopolitischen und strategischen Dynamiken befasst, die die außerirdische Umwelt durchdringen. Darüber hinaus wird die unausweichliche Bedeutung dieser Disziplin im aktuellen Kontext dargestellt, in dem sich die Weltraumforschung als eine der treibenden Kräfte für Innovation und globale Transformation manifestiert.

Die folgenden Kapitel zeichnen einen gelehrten und ausführlichen Rundgang durch die verschiedenen Nuancen der Astropolitik nach. Das sorgfältig vorbereitete zweite Kapitel ist einer Exegese des Wettlaufs ins All und seiner geopolitischen Auswirkungen während des Kalten Krieges gewidmet. Diese Ära des hektischen Wettbewerbs zwischen Supermächten, geprägt von bemerkenswerten wissenschaftlichen Errungenschaften und Prestigekämpfen, legte den Grundstein für die heutige Weltraumlandschaft. Die kritische Analyse der geopolitischen Implikationen dieser Ära dient als wesentlicher Vorläufer für das Verständnis zeitgenössischer Ereignisse und Trends.

Im dritten und vierten Kapitel betreten wir dann den Bereich der Weltraumverträge und -vereinbarungen sowie der Planetenerkundung und der ethischen Herausforderungen, die mit der Gewinnung außerirdischer Ressourcen verbunden sind. Diese Themen umfassen die Regulierung und Steuerung von Weltraumaktivitäten, ein wesentliches Substrat zur Förderung der internationalen Zusammenarbeit und zur Eindämmung potenzieller Konflikte. Gleichzeitig wird die Schnittstelle zwischen Weltraumforschung und Ethik untersucht und grundlegende Überlegungen für die nachhaltige und verantwortungsvolle Entwicklung kosmischer Grenzen entwickelt.

Die sorgfältig umrissene Litanei der folgenden Kapitel umfasst unter anderem die Bereiche Weltraumsicherheit, Weltraumdiplomatie und Weltraumökonomie. Durch jedes dieser Prismen versuchen wir, die komplexen Zusammenhänge aufzudecken, die das gegenwärtige astropolitische Szenario definieren, um ein umfassendes und kontextualisiertes Verständnis der Dynamik zu entwickeln, die mit der Erforschung und Steuerung des Weltraums verbunden ist.

Das vorliegende Werk erweist sich daher als eine umfassende und gelehrte Abhandlung, die darauf abzielt, eine umfassende Vision der Astropolitik zu vermitteln. Unter der Schirmherrschaft akademischer Strenge verbinden wir die Tiefe der Analyse mit der Zugänglichkeit des Diskurses, mit der Überzeugung, dass die intellektuelle Auseinandersetzung mit diesem Thema für den Aufbau einer nachhaltigen und harmonischen Zukunft in der Weite des Kosmos unerlässlich ist. Aufgrund des neuen Astropolitik-Konzepts ist es ein sehr schwerwiegender Fehler, den Weltraum zu betrachten und zu glauben, dass es sich um ein unendliches Vakuum handelt, in dem es unter anderem kein Relief, keine Topographie, keine Berge, keine Täler gibt. Wir können in diesem Zusammenhang nicht die physikalische und konventionelle Logik des geopolitischen Blicks anwenden, die Aufmerksamkeit richtet sich unter anderem auf Asteroidengürtel, Schwerkraftquellen, natürliche Satelliten und schafft so eine territoriale Vision des Kosmos.

KAPITEL 1: EINFÜHRUNG IN DIE ASTROPOLITIK

Astropolitik: Politik jenseits der Atmosphäre

Astropolitik, ein Begriff, der in der zeitgenössischen akademischen Welt an Bedeutung gewonnen hat, stellt ein Forschungsgebiet dar, das über irdische Grenzen hinausgeht. Entstanden aus der Kombination von „Astro" (bezogen auf den Weltraum) und „Politik" (beinhaltet Fragen der Macht, Regierung und internationalen Beziehungen), entsteht Astropolitik als eine Sammlung von Erkenntnissen, die politische, strategische und diplomatische Beziehungen im Rahmen des außerirdischen Weltraums analysiert . Allerdings taucht im astropolitischen Panorama eine neue Facette auf: die „Astrographie".

Astrographie: Kartierung der kosmischen Reichweiten

Astrologie, ein kürzlich geprägter Begriff zur Beschreibung der Kartierung und Kartographie des Weltraums, stellt einen bedeutenden Fortschritt beim Verständnis und der Navigation unserer Sternengrenzen dar. Dazu gehört die Erstellung genauer und umfassender Karten von Himmelsregionen sowie die Katalogisierung der Merkmale und Eigenschaften von Himmelskörpern. Diese wachsende Disziplin erleichtert nicht nur die Navigation und Erforschung des Weltraums, sondern spielt auch eine entscheidende Rolle bei der Definition von Richtlinien und Strategien für die effiziente und nachhaltige Nutzung des Weltraums.

Die Bedeutung von Astropolitik und Astrographie im Zeitalter der Weltraumforschung

In einem Kontext, in dem die Weltraumforschung neue

Höhen erreicht, erweisen sich Astropolitik und Astrographie als wesentliche Grundlagen für das Verständnis und die Führung unserer Streifzüge in den Kosmos. Nationale Raumfahrtagenturen und private Unternehmen führen mutige Missionen durch und bringen Menschen und Maschinen an bisher unerforschte Ziele. Allerdings handelt es sich bei diesem Unterfangen nicht nur um eine bloße wissenschaftliche Erforschung; transzendiert in einen Bereich politischer und strategischer Komplexität.

Insbesondere die Astrologie spielt eine führende Rolle bei der Bereitstellung detaillierter Karten von Himmelskörpern, die eine genaue Navigation und die Identifizierung lebenswichtiger Ressourcen ermöglichen. Darüber hinaus trägt es wesentlich zur Formulierung von Richtlinien bei, die die Erforschung und Nutzung des Weltraums regeln und Interessenzonen und Schutzgebiete festlegen.

Parallel dazu etabliert sich Astropolitik als Kompass, der die Interaktionen zwischen Nationen und nichtstaatlichen Akteuren in dem riesigen außerirdischen Territorium steuert. Weltraumwettbewerb und Zusammenarbeit, der Abschluss von Verträgen und Vorschriften sowie die Definition von Einflusszonen sind alles entscheidende Aspekte der Astropolitik. Es prägt nicht nur die Art und Weise, wie wir den Raum betrachten, sondern beeinflusst auch die Art und Weise, wie wir mit den Herausforderungen und Chancen umgehen, die er mit sich bringt.

In diesem komplexen Gefüge der Weltraumforschung laufen Astropolitik und Astrographie als komplementäre und untrennbare Disziplinen zusammen. Zusammen bieten sie ein tieferes und umfassenderes Verständnis des Weltraums und leiten unsere Schritte beim Überschreiten stellarer Schwellen. An der Schnittstelle von Politik, Wissenschaft und Forschung kommen diese beiden Bereiche zusammen, um die Zukunft unserer Auseinandersetzung mit dem Kosmos zu gestalten.

Geschichte der Weltraumforschung und ihre geopolitischen Implikationen

Das Aufkommen der Weltraumforschung stellte einen transzendenten Meilenstein in der Evolution der Menschheit dar und katapultierte uns in eine neue Ära wissenschaftlicher Entdeckungen und Fortschritte. Ziel dieses Kapitels ist es, den historischen Verlauf dieses kosmischen Unterfangens sorgfältig zu skizzieren und seine geopolitischen Implikationen sowie die komplexe Verflechtung zwischen Raumfahrtagenden und internationalen Beziehungen zu analysieren.

Die ersten Schritte jenseits der Atmosphäre

Der erste Meilenstein in der Weltraumforschung erfolgte 1957, als die Sowjetunion den Satelliten Sputnik 1 startete und damit die Ära der Weltraumeroberung einläutete. Dieses historische Ereignis hatte weltweites Echo und eröffnete eine neue Grenze im technologischen und geopolitischen Wettbewerb zwischen den damaligen Supermächten, den Vereinigten Staaten und der Sowjetunion. Der Wettlauf zum Mond zwischen den 1960er und 1970er Jahren symbolisiert den Höhepunkt dieses Wettbewerbs und gipfelte in der historischen Apollo-11-Mission im Jahr 1969, als die Menschheit Zeuge der ersten bemannten Landung wurde.

Der Kalte Krieg im Kosmos: Wettbewerb und Prestige

Obwohl die Erforschung des Weltraums vom Streben nach Wissen und menschlicher Neugier vorangetrieben wurde, war sie unbestreitbar von den geopolitischen Imperativen des Kalten Krieges durchdrungen. Jeder Raketenstart und jede Errungenschaft im Weltraum waren ein Zeichen für Prestige und eine Demonstration technologischer und wissenschaftlicher Leistungsfähigkeit vor der Welt. Die angebliche Überlegenheit im Weltraum wurde als Hinweis auf strategischen Vorteil und globalen Einfluss gedeutet, und die Vereinigten Staaten und die Sowjetunion investierten erhebliche Summen in den Wettlauf ins All.

Die geopolitische Dimension der Weltraumforschung

Der Wettlauf ins All diente nicht nur als Bühne für Machtdemonstrationen und ideologischen Wettbewerb, sondern hatte auch tiefgreifende Auswirkungen auf die damalige geopolitische Ordnung. Die Möglichkeit, Satelliten in die Umlaufbahn zu bringen, bot beispielsweise entscheidende Vorteile für die Kommunikation und die strategische Aufklärung. Darüber hinaus wurde die Weltraumforschung als eine Erweiterung des nationalen Einflusses und Ansehens angesehen, die Allianzen und Rivalitäten zwischen Nationen formte.

Die Unterzeichnung des Weltraumvertrags im Jahr 1967 war ein bedeutender Meilenstein bei dem Versuch, Weltraumaktivitäten zu regulieren und die unkontrollierte Militarisierung des Weltraums zu verhindern. Dieser von mehr als 100 Nationen unterzeichnete Vertrag legt die Grundprinzipien für Weltraumaktivitäten fest und verbietet die Nutzung des Weltraums für militärische Zwecke.

Das Erbe des Weltraumrennens und zeitgenössische Herausforderungen

Der Wettlauf ins All hinterließ ein bleibendes Erbe und prägte bis heute die Weltraumpolitik und die Weltraumforschung. Allerdings hat sich die Weltraumforschungslandschaft seitdem erheblich weiterentwickelt, und eine Vielzahl von Akteuren – darunter Raumfahrtagenturen, Privatunternehmen und Schwellenländer – beteiligen sich aktiv an der Weltraumforschung und -nutzung. Diese neue Dynamik bringt einzigartige Herausforderungen und Chancen mit sich und erfordert eine kontinuierliche Reflexion über die geopolitischen

Auswirkungen der Weltraumforschung.

Kurz gesagt, die Geschichte der Weltraumforschung ist ein Beweis für die Schnittstelle zwischen Wissenschaft, Technologie und Geopolitik. Der Weltraum, einst ein unerforschtes und unerreichbares Gebiet, wurde zu einem Feld des globalen Wettbewerbs und der globalen Zusammenarbeit, mit Auswirkungen, die bis heute nachwirken. Das Verständnis dieses Kontexts ist unerlässlich, um die Komplexität der zeitgenössischen Astropolitik zu bewältigen und eine nachhaltige und friedliche Zukunft im Kosmos zu gestalten.

KAPITEL 2: WETTLAUF INS ALL
UND KALTER KRIEG

Kapitel 2 dieser umfassenden Abhandlung über Astropolitik konzentriert sich auf eine entscheidende Zeit[1]in der Geschichte der Weltraumforschung: das Weltraumrennen, ein hitziger Wettbewerb, der die geopolitische Dynamik der zweiten Hälfte des 20. Jahrhunderts bestimmte. In diesem Kapitel werden die Ursprünge, bahnbrechenden Ereignisse und Auswirkungen des Wettlaufs ins All vor dem angespannten geopolitischen Hintergrund des Kalten Krieges untersucht. Dabei möchten wir nicht nur einen Moment bemerkenswerten wissenschaftlichen Fortschritts dokumentieren, sondern auch die komplexen politischen und strategischen Kräfte erkennen, die dieses unermüdliche Streben nach Vorherrschaft im Weltraum vorangetrieben haben.

Die Ursprünge des Weltraumrennens: Eine Ära ideologischer Rivalität

Der Kontext des Kalten Krieges, einer Zeit heftiger ideologischer Rivalität zwischen dem kapitalistischen und dem sozialistischen Block, legte den Grundstein für den Wettlauf ins All. Die Vereinigten Staaten und die Sowjetunion erwiesen sich als die herausragenden Mächte, beide angetrieben von der Mission, in allen Bereichen, einschließlich der Weltraumforschung, Überlegenheit zu demonstrieren. Dieses Wettbewerbsumfeld hat nicht nur den wissenschaftlichen und technologischen Fortschritt gefördert, sondern auch eine beispiellose Dringlichkeit bei der Suche nach außerirdischer Vorherrschaft ausgelöst.

Die sowjetische Vorhut: Der Start von Sputnik 1

Das Jahr 1957 markierte einen unwiderlegbaren Wendepunkt in der Geschichte der Weltraumforschung. Die Sowjetunion startete unter der Führung ihres bahnbrechenden Weltraumprogramms Sputnik 1, den ersten künstlichen Satelliten, der die Erde umkreiste. Diese monumentale Leistung fand auf der ganzen Welt Widerhall, signalisierte den Beginn einer neuen Ära und festigte die Sowjetunion als herausragende Technologiemacht. Sputnik 1 war nicht nur ein wissenschaftlicher Meilenstein, sondern auch ein starkes Symbol für Prestige und technische Leistungsfähigkeit und verschärfte die bereits bestehenden Spannungen zwischen den Blöcken.

Die amerikanische Antwort: Das Merkurprogramm und das Mondversprechen

Als Reaktion auf den sowjetischen Triumph mit Sputnik 1 initiierten die Vereinigten Staaten das Mercury-Programm, eine Reihe bemannter Missionen, die darauf abzielten, einen Amerikaner ins All zu bringen. Den Höhepunkt des Projekts bildete 1961 die Mission Mercury-Redstone 3, die den Astronauten Alan Shepard auf einem suborbitalen Flug ins All brachte. Dieses Kunststück markierte nicht nur einen bedeutenden Triumph im Weltraumrennen, sondern symbolisierte auch einen entscheidenden Schritt auf dem Weg zur Beherrschung der Fähigkeiten der bemannten Raumfahrt.

Das Mondepos: Die Apollo-11-Mission und der „große Sprung für die Menschheit"

Der Höhepunkt des Wettlaufs ins All fand 1969 statt, als Apollo 11 unter dem Kommando der Astronauten Neil Armstrong und Buzz Aldrin die erste bemannte Landung in der Geschichte der Menschheit durchführte. Der transzendente Moment, als Armstrong die Mondoberfläche betrat und die unsterblichen Worte „Ein kleiner Schritt für den Menschen, ein riesiger

Sprung für die Menschheit" verkündete, hallte nicht nur auf der Erde, sondern im Kosmos des globalen Bewusstseins wider. Diese Mission war nicht nur eine technische Meisterleistung, sondern ein unbeschreibliches Symbol menschlicher Leistung und Entschlossenheit.

Geopolitische Implikationen: Jenseits des Weltraums, jenseits der Erde

Der Wettlauf ins All ging über den reinen Rahmen wissenschaftlicher Erforschung hinaus. Es war ein Schauplatz, auf dem Ideologien und Rivalitäten des Kalten Krieges ausgetragen wurden, ein Spiegelbild des Wettbewerbs zwischen zwei unterschiedlichen politischen Systemen. Technologische Fortschritte und Errungenschaften im Weltraum sind zu Symbolen für Prestige und globalen Einfluss geworden und symbolisieren die Höhe der menschlichen Leistungsfähigkeit und die Fähigkeit, unerforschte Grenzen zu erkunden.

Politische und diplomatische Entwicklungen: Der Weltraum als Verhandlungsbühne

Die Erforschung des Weltraums hat auch als Katalysator für die internationale Diplomatie gedient. Die gemeinsamen Apollo-Sojus-Missionen in den 1970er Jahren waren ein Beispiel für dieses Phänomen, als sich amerikanische Astronauten und sowjetische Kosmonauten im Weltraum trafen, was einen historischen Moment der Zusammenarbeit inmitten des Kalten Krieges markierte.

Soziale und kulturelle Implikationen: Raum als Spiegel der Gesellschaft

Der Wettlauf ins All war nicht nur ein wissenschaftliches und politisches Unterfangen, sondern auch ein kulturelles Phänomen, das das kollektive Bewusstsein der Menschheit prägte. Der Weltraum ist zu einem wiederkehrenden Thema in Kunst, Literatur und Populärkultur geworden und spiegelt sowohl die

Faszination als auch die Besorgnis gegenüber dem Unbekannten wider. Der Astronaut ist zu einer modernen Ikone geworden und verkörpert den Mut und die Entdeckungslust, die der menschlichen Natur innewohnen.

Das offizielle Ende des Wettlaufs ins All mit dem Apollo-Programm markierte nicht das Ende der Weltraumforschung, sondern vielmehr den Beginn einer neuen Ära der interplanetaren Zusammenarbeit und Forschung. Das Erbe des Wettlaufs ins All ist jedoch nach wie vor eng mit dem Verlauf der Weltraumforschung verknüpft und hinterlässt einen nachhaltigen Einfluss auf die Art und Weise, wie wir den Kosmos wahrnehmen und uns mit ihm auseinandersetzen.

Nachfolgend sind einige der wichtigsten Weltraummissionen dieser Zeit aufgeführt:

1. Sputnik 1 (1957): Dies war der erste künstliche Satellit, der ins All geschossen wurde, und läutete damit das Zeitalter der Weltraumforschung ein. Es wurde am 4. Oktober 1957 von der Sowjetunion gestartet und markierte den Beginn des Wettlaufs ins All.

2. Sputnik 2 (1957): Ebenfalls von der Sowjetunion gestartet, war dies der erste Satellit, der ein Lebewesen, den Hund Laika, transportierte. Obwohl die Mission einen Meilenstein im technologischen Fortschritt darstellte, sorgte sie auch für Kontroversen, da es keine Möglichkeit gab, Laika sicher zurückzubringen.

3. Explorer 1 (1958): Dies war der erste Satellit der Vereinigten Staaten, der erfolgreich in die Umlaufbahn gebracht wurde. Es wurde als Reaktion auf den Erfolg von Sputnik 1 ins Leben gerufen und war maßgeblich an der Entdeckung des Van-Allen-Strahlungsgürtels beteiligt.

4. Luna 2 (1959): Dies war die erste von der Sowjetunion

gestartete Raumsonde, die den Mond erreichte. Obwohl es nicht landete, markierte es einen weiteren wichtigen Meilenstein in der Weltraumforschung.

5. Wostok 1 (1961): Dies war die erste bemannte Mission, die die Erde umkreiste, und es war auch der Flug, bei dem der Kosmonaut Juri Gagarin der erste Mensch im Weltraum wurde.

6. Mercury-Redstone 3 (1961): Dies war die erste bemannte Mission des Mercury-Programms der Vereinigten Staaten, bei der Alan Shepard der erste Amerikaner im Weltraum wurde.

7. Wostok 6 (1963): Bei dieser Mission war die Kosmonautin Walentina Tereschkowa die erste Frau im Weltraum, ein bedeutender Meilenstein in der Geschichte der Weltraumforschung.

8. Gemini 4 (1965): Dies war die erste Mission des US-amerikanischen Gemini-Programms, bei der Ed White den ersten amerikanischen Weltraumspaziergang durchführte.

9. Apollo 8 (1968): Dies war die erste Mission, die den Mond umkreiste, und die erste, bei der Menschen an Bord waren, was einen großen Fortschritt bei der Vorbereitung zukünftiger Landungen darstellte.

10. Apollo 11 (1969): Dies ist vielleicht die berühmteste Weltraummission der Geschichte. Neil Armstrong und Buzz Aldrin waren die ersten Menschen, die den Mond betraten, während Michael Collins darüber kreiste.

Diese Missionen waren nur einige von vielen, die während des Kalten Krieges stattfanden. Sie stellen bedeutende Meilensteine in der Weltraumforschung dar und demonstrieren nicht nur die technische Leistungsfähigkeit der beteiligten Länder, sondern auch die Intensität des geopolitischen und ideologischen Wettbewerbs, der diesen Zeitraum durchdrang.

KAPITEL 3: WELTRAUMVERTRÄGE UND -VEREINBARUNGEN: GOVERNANCE IM KOSMOS

Das sorgfältig ausgearbeitete dritte Kapitel dieser Arbeit konzentriert sich auf die regulatorische Sphäre und Governance, die den außerirdischen Bereich durchdringt. Die Erforschung und Nutzung des Weltraums erfordert einen Regulierungsrahmen, der die Freiheit der Erforschung mit der Erhaltung der Weltraumumgebung und der Wahrung des internationalen Friedens und der internationalen Sicherheit in Einklang bringt. In diesem Kapitel skizzieren wir die wichtigsten Weltraumverträge und -vereinbarungen, die das Rückgrat für die Steuerung des Kosmos bilden, sowie die politischen und strategischen Implikationen, die mit diesen Regulierungsrahmen verbunden sind.

Weltraumvertrag von 1967: Grundlagen der Weltraumregulierung

Der am 27. Januar 1967 verabschiedete Weltraumvertrag stellt die Grundlage für die internationale Verwaltung des Weltraums dar. Dieser multilaterale Vertrag, der von einer beträchtlichen Anzahl von Nationen ratifiziert wurde, legt wesentliche Grundsätze für Weltraumaktivitäten fest. Im Kern verbietet der Vertrag die Nutzung des Weltraums für militärische Zwecke und den Einsatz von Massenvernichtungswaffen im Orbit. Darüber hinaus verpflichten sich die Unterzeichnerstaaten, den Weltraum zum Nutzen aller Länder zu erforschen und zu nutzen und dabei eine nationale Aneignung des Weltraums und seiner Himmelskörper zu vermeiden.

Mondvertrag von 1979: Neutralität und Mondkooperation

Der Mondvertrag, auch Mondabkommen genannt, ergänzt den Weltraumvertrag, indem er einen spezifischen Rahmen für die Erforschung und Nutzung des Mondes und anderer Himmelskörper bietet. Dieser am 5. Dezember 1979 ratifizierte Vertrag bekräftigt die Grundsätze der nicht-nationalen Aneignung und verbietet die Errichtung von Militärstützpunkten, Waffentests oder jegliche militärische Aktivität auf dem Mond. Es betont auch die Notwendigkeit einer internationalen Zusammenarbeit bei der Erforschung des Mondes zum Wohle der gesamten Menschheit.

Abkommen von 1972 über die Haftung für durch Weltraumobjekte verursachte Schäden: Haftung und Wiedergutmachung

Dieses am 29. März 1972 verabschiedete Abkommen befasst sich mit der Frage der internationalen Haftung für Schäden, die durch Weltraumobjekte verursacht werden. Es legt fest, dass Staaten international für Schäden haften, die ihre Weltraumobjekte anderen Staaten oder ihren Weltraumobjekten zufügen. Das Abkommen sieht außerdem die Verpflichtung vor, bei Weltraumunfällen Hilfe zu leisten und gemeinsame Untersuchungen durchzuführen.

1975 Konvention zur Registrierung von Weltraumstartobjekten: Transparenz und Verfolgung

Ziel dieser am 14. Januar 1975 verabschiedeten Konvention ist die Förderung von Transparenz und gegenseitigem Vertrauen zwischen Staaten durch die Einrichtung eines Registrierungssystems für in den Weltraum gestartete Objekte. Staaten werden aufgefordert, Einzelheiten zu ihren Weltraumobjekten aufzuzeichnen, einschließlich Informationen zu ihrer Umlaufbahn und identifizierenden Merkmalen. Dies erleichtert die Verfolgung und Identifizierung von Objekten im Weltraum, erhöht die Sicherheit und verhindert Kollisionen.

Politische und strategische Implikationen: Das Gleichgewicht zwischen Kooperation und Wettbewerb

Die Weltraumverwaltung ist nicht nur eine technische, sondern auch eine politische und strategische Frage von großer Relevanz. Weltraumverträge und -vereinbarungen spielen eine entscheidende Rolle bei der Milderung von Konflikten und der Förderung der internationalen Zusammenarbeit. Allerdings gibt es auch Herausforderungen und Debatten rund um die Anwendung und Auslegung dieser Rechtsinstrumente, insbesondere vor dem Hintergrund zunehmenden Wettbewerbs und kommerziellen Interesses an der Raumfahrt.

Die Herausforderungen der Weltraumverwaltung im 21. Jahrhundert: Eine eingehende Analyse

Die Weltraumverwaltung im 21. Jahrhundert ist in einen dynamischen und herausfordernden Kontext eingebettet, in dem eine Reihe miteinander verbundener Faktoren die Art und Weise prägen, wie Länder, Unternehmen und internationale Organisationen die Erforschung und Nutzung des Weltraums angehen. Drei bemerkenswerte Herausforderungen erweisen sich als Grundpfeiler der zeitgenössischen Weltraumverwaltung:

1. Wachsender Wettbewerb um Weltraumressourcen

Der Weltraum, der einst als unberührte Grenze galt, ist heute das Epizentrum eines globalen Wettlaufs um Ressourcen. Mit dem Fortschritt der Technologie und der wachsenden Abhängigkeit von Weltraumsystemen für Kommunikation, Navigation, Erdbeobachtung und vielem mehr ist die Nachfrage nach Zugang und Kontrolle von Umlaufbahnen und Himmelskörpern gestiegen. Dazu gehören nicht nur Mineralien und Edelmetalle, sondern auch die Zuweisung strategischer Orbitalpositionen und der Zugang zu Wasser und flüchtigen Ressourcen auf Himmelskörpern wie dem Mond und Asteroiden.

Der Wettbewerb um Ressourcen im Weltraum wirft komplexe Fragen des Eigentums, der Gewinnung, der Gewinnverteilung und der Nachhaltigkeit auf. Das Fehlen eines klaren Regulierungsrahmens kann zu Streitigkeiten und Spannungen zwischen Weltraumakteuren führen. Daher ist es von entscheidender Bedeutung, Regeln zu definieren, die die wirtschaftliche Erforschung mit der Erhaltung der Weltraumumgebung in Einklang bringen.

2. Entwicklung neuer Weltraumtechnologien

Das 21. Jahrhundert ist Zeuge eines bemerkenswerten Fortschritts in der Weltraumtechnologie. Von der Entwicklung wiederverwendbarer Raketen bis hin zur Verbreitung von Satellitenkonstellationen in niedrigen Umlaufbahnen erlebt die Raumfahrtindustrie eine Revolution. Mit dem Eintritt privater Unternehmen in die Weltraumszene treiben Innovation und Wettbewerb die rasante Entwicklung der Fähigkeiten und des Zugangs zum Weltraum voran.

Diese Fülle an Technologie bringt Sicherheitsherausforderungen mit sich, beispielsweise die Notwendigkeit, Weltraumressourcen vor Bedrohungen zu schützen, sei es durch Trümmer im Orbit oder mögliche böswillige Eingriffe. Darüber hinaus erfordert die sichere Integration neuer Technologien wie der Internet-Satellitenkonstellation Standards und Praktiken, die eine wirksame Koordinierung zwischen allen Weltraumakteuren gewährleisten.

3. Sensibilisierung für die Umweltauswirkungen der Weltraumforschung

Da die Erforschung des Weltraums immer häufiger und umfassender wird, wächst die Besorgnis über die Umweltauswirkungen dieser Aktivität. Weltraummüll, der aus früheren Missionen und laufenden Aktivitäten stammt, stellt eine ernsthafte Bedrohung für die Sicherheit von Satelliten und Raumfahrzeugen im Orbit dar. Darüber hinaus wächst das Bewusstsein dafür, wie wichtig der Erhalt von Himmelsstandorten wie Mond und Mars für zukünftige Generationen und die Wissenschaft ist.

Das Bedürfnis nach Nachhaltigkeit im Weltraum wird immer wichtiger. Dazu gehören die Umsetzung von Maßnahmen zur Trümmerminderung, die sorgfältige Prüfung von Landeplätzen und die Umsetzung von Maßnahmen zur Verhinderung einer biologischen Kontamination von Himmelskörpern.
Die Weltraumverwaltung im 21. Jahrhundert steht vor komplexen und miteinander verbundenen Herausforderungen. Um diese Probleme anzugehen, ist eine gemeinsame und koordinierte Anstrengung zwischen Regierungen, internationalen Organisationen und Privatunternehmen unerlässlich. Die Formulierung wirksamer Richtlinien und Vorschriften, die die nachhaltige Nutzung des Weltraums fördern und konkurrierende Interessen ausgleichen, wird für die Gewährleistung einer wohlhabenden und sicheren Zukunft im Kosmos von entscheidender Bedeutung sein.

KAPITEL 4: WELTRAUMGEOPOLITIK UND KOSMOLOGISCHE SICHERHEIT: STRATEGIEN UND HERAUSFORDERUNGEN

Dieses Kapitel konzentriert sich auf die Schnittstelle zwischen Geopolitik und Sicherheit im Weltraum, einem Bereich, der schnell zu einem zentralen Thema in den gegenwärtigen internationalen Beziehungen wird. Angesichts der wachsenden strategischen Bedeutung des Weltraums untersucht dieses Kapitel die Komplexität der Weltraumsicherheit im Lichte der sich entwickelnden geopolitischen Dynamik. Darüber hinaus werden die Strategien globaler Akteure zur Durchsetzung ihrer Interessen im Weltraum analysiert.

Geopolitische Bedrohungen im Weltraum: Eine detaillierte Analyse

Weltraumsicherheit ist untrennbar mit der Geopolitik des 21. Jahrhunderts verbunden. Der Weltraum ist heute nicht nur ein Schlachtfeld für die wissenschaftliche Erforschung, sondern auch für die Durchsetzung von Macht und Einfluss staatlicher und nichtstaatlicher Akteure. Die Verbreitung der Antisatellitentechnologie (ASAT) und die Entwicklung von Störfunktionen stellen eine direkte Bedrohung für die Integrität von Weltraumressourcen dar. Anti-Satelliten-Technologie (ASAT) bezieht sich auf eine Kategorie von Systemen und Technologien, die entwickelt wurden, um Satelliten in der Erdumlaufbahn zu neutralisieren oder zu zerstören. Diese Technologie hat erhebliche Auswirkungen auf den militärischen und geopolitischen Bereich sowie auf den zivilen Bereich, wo Satelliten eine entscheidende Rolle in der Kommunikation, Navigation, Erdbeobachtung und einer Vielzahl anderer Anwendungen spielen.

Die Entwicklung der ASAT-Technologie geht auf den Kalten Krieg zurück, als Supermächte, insbesondere die Vereinigten Staaten und die Sowjetunion, begannen, nach Möglichkeiten zu suchen, feindliche Satellitensysteme zu neutralisieren. Im Jahr 1959 testete die Sowjetunion das erste Antisatelliten-Raketensystem und markierte damit den Beginn des Wettlaufs um die Entwicklung von ASAT-Technologien.

Arten der ASAT-Technologie:

1. Anti-Satelliten-Raketen (ASAT): Hierbei handelt es sich um Raketen, die speziell für den Angriff auf Satelliten im Orbit entwickelt wurden. Sie können vom Land, aus der Luft oder vom Meer aus gestartet werden. Die Genauigkeit und Reichweite dieser Raketen sind entscheidende Faktoren für die Wirksamkeit eines ASAT-Systems.

2. Hochenergielasersysteme: Diese Systeme verwenden Hochleistungslaserstrahlen, um Satelliten außer Gefecht zu setzen oder zu zerstören. Sie haben den Vorteil der Lichtgeschwindigkeit, was bedeutet, dass sie Ziele fast augenblicklich treffen können. Die praktische Umsetzung dieser Systeme befindet sich jedoch noch in der Entwicklungsphase.

3. Abfangsatelliten: Diese Satelliten sollen sich dem Zielsatelliten nähern und ihn auf verschiedene Weise außer Gefecht setzen, beispielsweise durch physische Kollisionen oder den Einsatz elektronischer Störtechnologien.

4. Cyberkriege und elektronische Interferenz: Diese Form der ASAT-Technologie zielt darauf ab, Satelliten durch Cyberoperationen oder Eingriffe in ihre Kommunikations- und Kontrollsysteme zu stören oder lahmzulegen.

Auswirkungen und Herausforderungen:

1. Geopolitik und nationale Sicherheit: Die Fähigkeit, feindliche

Satelliten zu neutralisieren, kann das Kräfteverhältnis in militärischen Konflikten erheblich verändern. Dazu kann die Fähigkeit gehören, Kommunikations-, Navigations- und Überwachungssysteme zu stören.

2. Entstehung von Weltraumschrott: Die Zerstörung von Satelliten im Orbit erzeugt Weltraummüll, der ein zusätzliches Risiko für andere Satelliten und Raumfahrzeuge im Orbit darstellen kann.

3. Internationale Regulierung: Die internationale Gemeinschaft ist sich zunehmend der Notwendigkeit bewusst, den Einsatz von ASAT-Technologien zu regulieren, um die Eskalation von Konflikten im Weltraum zu verhindern.

4. Abhängigkeit von Weltraumtechnologie: Die moderne Gesellschaft ist für eine Vielzahl von Funktionen, von der Kommunikation über Wettervorhersagen bis hin zur Umweltüberwachung, stark auf Satellitensysteme angewiesen. Die Deaktivierung dieser Systeme kann schwerwiegende Folgen haben.

Die Antisatellitentechnologie (ASAT) stellt einen wichtigen Aspekt der gegenwärtigen Militärstrategie dar und hat erhebliche Auswirkungen sowohl im militärischen als auch im zivilen Kontext. Seine Entwicklung und künftige Nutzung werden von geopolitischen Überlegungen, technologischen Fortschritten und internationalen Vorschriften abhängen. Es ist von entscheidender Bedeutung, dass die internationale Gemeinschaft weiterhin nach Wegen sucht, die nationale Sicherheit mit der Notwendigkeit in Einklang zu bringen, den Weltraum als globales Gut zum Wohle der gesamten Menschheit zu bewahren.

Ein weiterer wichtiger Faktor ist der Wettbewerb um Ressourcen im Weltraum, der die geopolitische Dynamik prägt. Der Zugang zu wertvollen Mineralien, Wasser und anderen Ressourcen auf Himmelskörpern wird als Ausweitung des Wettbewerbs um Ressourcen auf der Erde angesehen, der zu potenziellen Interessenkonflikten und Gebietsansprüchen im Weltraum führt.

Hier sind einige der Ressourcen, die aus dem Weltraum gewonnen werden können:

- **Mineralien**: Mineralien sind im Weltraum reichlich vorhanden, darunter Gold, Platin, Aluminium, Eisen und andere Metalle. Diese Mineralien können zur Herstellung einer Vielzahl von Produkten verwendet werden, darunter Elektronik, Chemikalien und Medikamente.

- **Wasser**: Wasser ist für den Menschen lebenswichtig und kann auch zur Herstellung von Treibstoff, Strom und anderen Produkten verwendet werden. Wasser kommt auf der Erde, dem Mond und anderen Himmelskörpern wie dem Mars und Asteroiden vor.

- **Helium-3**: Helium-3 ist ein seltenes Heliumisotop, das als Brennstoff für die Kernfusion verwendet werden kann. Die Kernfusion ist eine vielversprechende Technologie, die die Erzeugung sauberer und reichlich vorhandener Energie verspricht.

Der strategische Wert von Helium-3 (He-3)

Helium-3 ist eine Variante von Helium, einem Edelgas mit zwei Protonen und einem Neutron in seinem Kern, das sich von gewöhnlichem Helium (Helium-4) unterscheidet und auf der Erde äußerst selten vorkommt. Allerdings kommt es auf dem Mond potenziell reichlich vor und hat aufgrund seiner möglichen Anwendungen in der Kernenergie großes Interesse auf sich gezogen.

Der Hauptgrund, warum Helium-3 so attraktiv ist, ist sein Potenzial als Brennstoff für die Kernfusion, ein Prozess, der im Vergleich zur Kernspaltung (dem in Kraftwerken verwendeten Prozess) möglicherweise viel sicherer und effizienter ist. Atomwaffen derzeit). Bei der Kernfusion verbinden sich die Kerne zweier leichter Atome wie Deuterium und Tritium zu einem schwereren Atom und setzen dabei eine erhebliche Energiemenge frei. Helium-3 kann zusammen mit Deuterium als Fusionsbrennstoff verwendet werden, um saubere Energie praktisch ohne radioaktiven Abfall zu erzeugen.

Der Grund, warum der Mond als potenzielle Quelle für Helium-3 angesehen wird, hängt mit seiner geologischen Geschichte und dem Mangel an Atmosphäre zusammen. Milliarden von Jahren lang bombardierte der Sonnenwind, der hauptsächlich aus Protonen und Alphateilchen besteht, den Mond. Helium-3 wird in der Sonne produziert und auch vom Sonnenwind transportiert. Der größte Teil dieses Helium-3 wird von der Erdatmosphäre absorbiert und erreicht nicht die Oberfläche. Auf dem Mond, wo es keine Atmosphäre gibt, ist es jedoch im Mondboden und insbesondere in den tieferen Schichten zu finden.

Der Helium-3-Abbau ist eine komplexe technologische Herausforderung.
Für den Helium-3-Abbau werden mehrere Technologien entwickelt. Ein Ansatz besteht darin, Mondgestein mithilfe von Lasern oder Wärme zu verdampfen und das Helium-3 im Dampf einzufangen. Ein anderer Ansatz besteht darin, einen Magneten zu verwenden, um Helium-3 von Helium-4 zu trennen.

Der Helium-3-Abbau befindet sich noch in der Entwicklungsphase, hat aber das Potenzial, in Zukunft eine wichtige Quelle sauberer Energie zu sein. Die Erforschung und Entwicklung von Technologien für den Abbau von Helium-3 sind Bereiche aktiver Forschung auf der ganzen Welt.

Neben technischen Herausforderungen sind auch rechtliche und politische Fragen zu berücksichtigen, beispielsweise internationale Abkommen zur Erforschung und Nutzung von Weltraumressourcen.

Zusammenfassend lässt sich sagen, dass Helium-3 aufgrund seines Potenzials als saubere Energiequelle durch Kernfusion eine wertvolle Ressource ist. Der Mond gilt als potenzielle Quelle für Helium-3, da er über längere Zeit dem Sonnenwind ausgesetzt ist. Der Mondbergbau ist jedoch ein sich entwickelndes Feld, das mit einer Reihe technischer, logistischer und rechtlicher Herausforderungen konfrontiert ist, die überwunden werden müssen, um in die Praxis umgesetzt zu werden.

Aktions- und Verteidigungsstrategien: Machtprojektion im kosmischen Raum

In einem geopolitischen Kontext wird Weltraumsicherheit zu einer Erweiterung von Machtprojektionsstrategien. Die Entwicklung von Anti-Access-and-Denial-Fähigkeiten (A2/AD) im Weltraum wird zu einem wertvollen Instrument für Akteure, die ihre Überlegenheit im Weltraumbereich sichern wollen. Der Begriff „Anti-Access and Denial" (A2/AD) bezieht sich auf eine militärische Strategie, die von Ländern oder Organisationen mit dem Ziel eingesetzt wird, einem Gegner den Zugang zu geografischen Räumen von strategischem Interesse zu erschweren oder zu verweigern. Diese Strategie wird verwendet, um die Projektion militärischer Macht durch einen Gegner zu verhindern oder zu verhindern, wobei es häufig um Küstengebiete oder Grenzregionen geht. Der Entwurf und die Implementierung von A2/AD-Systemen erfordert eine Kombination von Fähigkeiten, darunter Raketenabwehr, Marschflugkörper, Luftverteidigungssysteme,

A2/AD-Strategien entstehen als Reaktion auf die zunehmende Komplexität und Reichweite moderner Waffensysteme, die militärische Operationen schwieriger und riskanter machen können. Länder mit A2/AD-Fähigkeiten versuchen, natürliche Geografien wie Küstengebiete, Meerengen oder Inselketten zu nutzen, um Ausschluss- oder Sperrzonen zu schaffen, in denen das Eindringen gegnerischer Kräfte äußerst riskant oder sogar unmöglich wäre.

Die Beweggründe für die Umsetzung von A2/AD-Strategien sind

vielfältig und können Folgendes umfassen:

1. Abschreckung: Der Nachweis der Fähigkeit, den Zugang zu einem Bereich zu verweigern, kann potenzielle Gegner davon abhalten, provokative Maßnahmen zu ergreifen.

2. Schutz territorialer und strategischer Interessen: Schützen Sie geografische Gebiete von entscheidender Bedeutung, beispielsweise die Küste oder strategische Grenzen.

3. Minimierung der Militärausgaben: A2/AD-Strategien können eine wirtschaftlichere Alternative zum Unterhalt einer großen konventionellen Streitmacht sein.

4. Aufrechterhaltung der regionalen Stabilität: Verhindern Sie die Eskalation regionaler Konflikte, indem Sie erhebliche Hindernisse für die Projektion militärischer Macht schaffen.

5. Steigerung der Verhandlungsmacht: Eine A2/AD-Strategie kann die Verhandlungsposition in diplomatischen und politischen Verhandlungen stärken.
Die effektive Umsetzung einer A2/AD-Strategie erfordert eine Kombination aus fortschrittlichen Technologien, Kommunikationssystemen und einem genauen Verständnis der Geographie und Dynamik militärischer Operationen. Darüber hinaus stellt die A2/AD-Strategie auch Herausforderungen dar, da technologische Fortschritte und kontinuierliche Innovationen in der Militärtaktik ständige Anpassungen erfordern können.

Es ist jedoch wichtig zu beachten, dass diese Strategien auch Reaktionen und Gegenstrategien seitens der Gegner hervorrufen können, was zu einer ständigen Weiterentwicklung und Konkurrenz im militärischen Bereich führt. Daher ist das Verständnis und die kontinuierliche Untersuchung von A2/AD-Strategien für Analysten, Militärstrategen und politische Entscheidungsträger, die sich für zeitgenössische Sicherheit und Geopolitik interessieren, von entscheidender Bedeutung.

Darüber hinaus wird die Fähigkeit, Weltraumressourcen vor Bedrohungen zu schützen, zu einer strategischen Priorität. Die Implementierung aktiver und passiver Verteidigungssysteme wird zu einem entscheidenden Bestandteil der Sicherheitsstrategie eines Weltraumakteurs.

Technologische Innovationen und räumliche geopolitische Dynamik: Zukünftige Implikationen

Der technologische Fortschritt ist ein entscheidender Bestandteil der geopolitischen Dynamik im Weltraum. Die Fähigkeit, innovative Technologien wie fortschrittliche Warnsysteme und schnelle Reaktionsfähigkeiten zu entwickeln und einzusetzen, ist ein wesentliches strategisches Unterscheidungsmerkmal. Darüber hinaus könnte die Entwicklung kosmologischer Verteidigungsfähigkeiten, etwa von Asteroiden-Ablenkungssystemen, in Zukunft eine herausragende Rolle in geopolitischen Strategien spielen.

Die wachsende Verbindung zwischen Weltraumforschung und geopolitischen Interessen prägt die Art und Weise, wie globale Akteure im Weltraum agieren. Internationale Zusammenarbeit, Standardsetzung und diplomatische Streitbeilegung werden entscheidende Aspekte bei der Förderung eines multilateralen und nachhaltigen Ansatzes zur Weltraumsicherheit sein.

KAPITEL 5: SATELLITEN UND WELTRAUMKOMMUNIKATION: ENTSCHEIDENDE INFRASTRUKTUR IM WELTRAUMZEITALTER

Jetzt befassen wir uns mit der wesentlichen Bedeutung von Satelliten und der Weltraumkommunikation in der modernen Infrastruktur und untersuchen die entscheidende Rolle, die sie für die globale Konnektivität, die Erdbeobachtung und eine Vielzahl anderer wichtiger Anwendungen spielen. Wir werden die technologischen Fortschritte, wirtschaftlichen Auswirkungen und strategischen Überlegungen analysieren, die mit diesem grundlegenden Aspekt der Weltraumforschung und -nutzung verbunden sind.

Die Entwicklung der Satelliten: Eine historische und technologische Perspektive

Die Geschichte der Orbitalsatelliten ist eine Erzählung von Innovation und wissenschaftlichem Fortschritt. Von den ersten Satelliten wie Sputnik 1 bis zu den hochentwickelten Konstellationen von Satelliten mit niedriger Umlaufbahn, die für die globale Kommunikation und Erdbeobachtung eingesetzt werden, ist die Entwicklung dieser Technologie durch Fortschritte in den Bereichen Antrieb, Elektronik und Miniaturisierung gekennzeichnet. Heute erweitern Nanosatelliten und Cubesats den Zugang zum Weltraum weiter und demokratisieren die Fähigkeit, Orbitalmissionen durchzuführen.

Die Infrastruktur von Satelliten in geostationären Umlaufbahnen und Konstellationen in niedrigen Umlaufbahnen ist entscheidend für eine unterbrechungsfreie Konnektivität in abgelegenen und städtischen Gebieten.

Erdbeobachtung und wissenschaftliche Anwendungen

Neben der Kommunikation spielen Satelliten eine wichtige Rolle bei der Erdbeobachtung. Fernerkundungsplattformen umkreisen den Planeten und überwachen Naturphänomene, Umweltveränderungen und menschliche Aktivitäten. Diese Beobachtungen finden Anwendung in der Landwirtschaft, der Vorhersage von Naturkatastrophen, der Bewirtschaftung natürlicher Ressourcen, Klimastudien und mehr. Satellitentechnologie ist auch für die wissenschaftliche Forschung im Weltraum unerlässlich, etwa für Missionen zur Erforschung anderer Himmelskörper und zum Sammeln von Daten über die Weltraumumgebung.

Strategische und geopolitische Überlegungen

Die weltweite Abhängigkeit von Satelliten hat erhebliche sicherheitspolitische und geopolitische Auswirkungen. Angriffe oder Störungen, die auf Satelliten abzielen, können lebenswichtige Abläufe auf globaler Ebene stören. Infolgedessen werden der Schutz von Weltraumressourcen und die Eindämmung von Bedrohungen zu entscheidenden strategischen Überlegungen für Regierungen und Organisationen, die auf die Weltrauminfrastruktur angewiesen sind.

Kommunikationssatelliten: Detaillierte Systeme und Betrieb;

wie Intelsat, Eutelsat und SES spielen eine entscheidende Rolle bei der globalen Konnektivität und erleichtern die Übertragung von Daten, Sprache und Video auf globaler Ebene. Diese Systeme sind in verschiedenen Umlaufbahnen tätig und bieten jeweils spezifische Vorteile und Herausforderungen. Sie sind von grundlegender Bedeutung für eine Reihe von Diensten, darunter Satellitenfernsehen, Fernkommunikation, Mobiltelefonie und Hochgeschwindigkeitsinternet. In geosynchronen Umlaufbahnen befinden sich Satelliten wie Intelsat IS-36, Eutelsat 7C und SES-12 in einer Höhe von etwa 35.786 Kilometern über der Erdoberfläche. Ihre Umlaufgeschwindigkeit synchronisiert sich mit der Erdrotation, wodurch sie eine konstante Abdeckung einer bestimmten Region gewährleisten können, was sie ideal für Fernsehübertragungsdienste und Fernkommunikation macht.

Kommunikationssatelliten mit niedriger Umlaufbahn, wie die in der Starlink-Konstellation von SpaceX und der O3b-Konstellation von SES, operieren in deutlich geringeren Höhen, die zwischen etwa 160 und 2.000 Kilometern über der Erde liegen. Diese Nähe zur Erdoberfläche führt zu geringeren Latenzzeiten bei der Kommunikation, was für Anwendungen wie Mobiltelefonie und Hochgeschwindigkeitsinternet von Vorteil ist. Aufgrund ihrer instationären Umlaufbahn benötigen LEO-Satelliten jedoch eine Konstellation von Satelliten, um eine konstante globale Abdeckung zu gewährleisten.

Diese Satelliten sind mit verschiedenen Technologien ausgestattet, um die Übertragung und den Empfang von Signalen zu erleichtern. Dazu gehören Transponder, wie sie beispielsweise auf Intelsat 29e und SES-14 verwendet werden, die Signale von Bodenstationen empfangen, diese Signale verstärken und sie zurück zur Erde übertragen. Darüber hinaus werden gerichtete oder omnidirektionale Antennen, die auf Satelliten wie Eutelsat Konnect und SES-17 vorhanden sind, verwendet, um Signale auf bestimmte Bereiche zu fokussieren oder eine breitere Abdeckung bereitzustellen.

Kommunikationssatelliten verfügen außerdem über hochentwickelte Signalverarbeitungssysteme, die die Modulation und Demodulation der übertragenen Signale verwalten. Eine weitere Tatsache ist, dass sie fortschrittliche Kommunikationsprotokolle verwenden, um die Integrität und Sicherheit der Übertragungen zu gewährleisten. Die von Regulierungsbehörden wie der Internationalen Fernmeldeunion (ITU) koordinierte Zuweisung von Kommunikationsfrequenzen und -bändern ist von entscheidender Bedeutung, um Störungen zu vermeiden und die Effizienz des elektromagnetischen Spektrums sicherzustellen.

Angesichts der entscheidenden Bedeutung von Kommunikationssatelliten für eine Vielzahl wesentlicher Dienste ist die Gewährleistung der Sicherheit und Widerstandsfähigkeit gegen Bedrohungen wie böswillige Interferenzen und Weltraummüll von größter Bedeutung. Zu den Sicherheitsstrategien gehören Verschlüsselung, Ortungssysteme und Ausweichmanöver im Falle einer unmittelbaren Bedrohung.

Navigationssatelliten: Detaillierte Systeme und Betrieb

Satellitennavigationssysteme spielen eine wesentliche Rolle bei der genauen Bestimmung der Position und Ausrichtung von Objekten und Fahrzeugen auf der ganzen Welt. Zu den bekanntesten globalen Navigationssystemen zählen GPS (Global Positioning System), GLONASS (Global Navigation Satellite System) und Galileo. Lassen Sie uns genauer untersuchen, wie diese Systeme funktionieren.

Das Weltraumsegment eines Satellitennavigationssystems besteht aus der Konstellation von Satelliten, die die Erde umkreisen. Diese Satelliten senden Hochfrequenzsignale aus, die Informationen über ihre Position und den genauen Zeitpunkt der Signalübertragung enthalten. Moderne Systeme nutzen häufig Konstellationen mehrerer Satelliten, um eine kontinuierliche globale Abdeckung sicherzustellen.

Navigationssatelliten werden auf unterschiedlichen Umlaufbahnen positioniert. GPS beispielsweise nutzt mittlere Umlaufbahnen, wobei sich die Satelliten in einer Höhe von rund 20.200 Kilometern befinden. GLONASS arbeitet auf einer Kombination aus mittleren Umlaufbahnen und elliptischen hohen Umlaufbahnen. Galileo wiederum nutzt mittlere Kreisbahnen in einer Höhe von etwa 23.222 Kilometern.

Navigationssatelliten senden Funksignale aus, die wichtige Informationen zur Positions- und Zeitberechnung enthalten. Diese Signale werden auf bestimmten Frequenzen übertragen und mit Navigationsdaten kodiert. Empfänger auf der Erde fangen diese Signale auf und berechnen daraus anhand der Laufzeit der Signale die Position des Empfängers.

Die Bestimmung der Position eines Empfängers erfolgt durch Messung der Zeit, die Signale von Satelliten benötigen, um den Empfänger zu erreichen. Da sich Signale mit konstanter Geschwindigkeit ausbreiten, kann die Differenz zwischen der Sende- und der Empfangszeit des Signals zur Berechnung der Entfernung zwischen Satellit und Empfänger herangezogen werden. Durch Messungen mehrerer Satelliten kann der Empfänger seine dreidimensionale Position mit hoher Genauigkeit bestimmen.

Neben der Positionsbestimmung liefern Satellitennavigationssysteme auch eine genaue Zeitangabe. Eine genaue Zeitsynchronisierung ist für eine Vielzahl von Anwendungen von entscheidender Bedeutung, von der Luftnavigation über den Betrieb von Kommunikationsnetzwerken bis hin zu Finanztransaktionen.

Satellitennavigationssysteme verfügen über Mechanismen, die die Integrität der übertragenen Signale gewährleisten. Sie enthalten Informationen über den Zustand und die Genauigkeit des Satelliten und ermöglichen es den Empfängern, die Zuverlässigkeit der erhaltenen Messungen zu beurteilen.

Die Satellitennavigation findet in unserem täglichen Leben eine Vielzahl von Anwendungen, von der Fahrzeug- und Fußgängernavigation bis hin zur Luftfahrt, Schifffahrt, Vermessung und Geodäsie. Darüber hinaus ist es für Branchen wie Präzisionslandwirtschaft, Flottenmanagement, geografische Kartierung und sogar Outdoor-Freizeitaktivitäten von entscheidender Bedeutung.

Erdbeobachtungssatelliten: Instrumente zur globalen Überwachung

Erdbeobachtungssatelliten spielen eine wesentliche Rolle bei der Datenerfassung und Überwachung unseres Planeten im globalen Maßstab. Diese Satelliten liefern wichtige Informationen über Klima, natürliche Ressourcen, Landbedeckung und eine Vielzahl von Umwelt- und geografischen Phänomenen.

Es gibt verschiedene Kategorien von Erdbeobachtungssatelliten, die jeweils auf unterschiedliche Datenerfassungsanforderungen ausgelegt sind:

1. **Fernbeobachtungssatelliten**: Ausgestattet mit hochauflösenden Sensoren und Kameras erfassen diese Satelliten Bilder der Erdoberfläche in verschiedenen Spektralbändern. Sie werden verwendet, um Veränderungen der Landbedeckung, der Wasserressourcen, der Wälder, der Landwirtschaft und mehr zu überwachen.

2. **Umweltüberwachungssatelliten**: Entwickelt zur Messung von Umgebungsvariablen wie Temperatur, Luftfeuchtigkeit, atmosphärischer Zusammensetzung und Schadstoffkonzentration. Sie spielen eine entscheidende Rolle beim Verständnis des Klimawandels und der Vorhersage extremer Wetterereignisse.

3. **Ozeanerkundungssatelliten**: Ausgestattet mit speziellen Sensoren überwachen diese Satelliten die Meeresoberflächentemperaturen, die Zirkulationsmuster der Ozeane, den Salzgehalt und die Entwicklung von Phänomenen wie El Niño und La Niña.

4. **Satelliten zur Beobachtung von Naturkatastrophen**: Entwickelt, um Ereignisse wie Erdbeben, Vulkanausbrüche,

Überschwemmungen und Waldbrände zu erkennen und zu überwachen. Sie sind für die Bereitstellung von Echtzeitinformationen für Katastrophenschutzeinsätze unerlässlich.

Erdbeobachtungssatelliten sind mit einer Vielzahl fortschrittlicher Datenerfassungsinstrumente ausgestattet:

Multispektral- und Hyperspektralkameras: Erfassen Sie Bilder in verschiedenen Spektralbändern und ermöglichen Sie so die Analyse von Merkmalen der Erdoberfläche, wie Vegetation, Wasser und städtische Strukturen.

Radargeräte mit synthetischer Apertur (SAR): Ermöglicht die Aufnahme von Bildern auch bei schlechten Sichtverhältnissen wie Wolken oder Dunkelheit. Sie sind unerlässlich, um Bewegungen der Erdkruste zu überwachen und Veränderungen an der Erdoberfläche zu erkennen.

Wärmesensoren: Sie messen die von der Erdoberfläche emittierte Wärmestrahlung und ermöglichen so die Schätzung der Oberflächentemperatur und die Erkennung thermischer Anomalien.

Atmosphärische Fernerkundungssensoren: Überwachen Sie die Zusammensetzung der Atmosphäre, einschließlich der Konzentration von Gasen wie Kohlendioxid und Ozon.

Von Erdbeobachtungssatelliten gesammelte Daten finden Anwendung in einer Vielzahl von Sektoren, darunter:

Umweltüberwachung: Bewertung unter anderem von Entwaldung, Klimawandel, Luft- und Wasserqualität.

Management natürlicher Ressourcen: Verfolgung landwirtschaftlicher Nutzpflanzen, Überwachung von Wäldern, Verwaltung von Wasser- und Mineralressourcen.

Katastrophenmanagement: Reaktion auf Naturkatastrophen,

Schadensbewertung und Evakuierungsplanung.

Stadtplanung: Überwachung des Stadtwachstums, Infrastrukturmanagement und Landnutzungsplanung.

Meteorologische Satelliten: Beobachtung globaler atmosphärischer Phänomene

Meteorologische Satelliten sind wichtige Instrumente zur Überwachung und Vorhersage von Wetter und Klima. Sie liefern wertvolle Informationen über die Atmosphäre und ermöglichen die Analyse von Wettermustern, die Erkennung extremer Phänomene und die Vorhersage zukünftiger Wetterbedingungen. Nachfolgend finden Sie Einzelheiten zu Funktion, Typen und verwendeten Instrumenten in meteorologischen Satelliten.

Die Hauptfunktion meteorologischer Satelliten besteht darin, Bilder und Daten über die Atmosphäre und die Erdoberfläche zu erfassen. Diese Informationen sind für die Wettervorhersage und das Verständnis kurz- und langfristiger Wettermuster von entscheidender Bedeutung. Sie helfen dabei, Stürme, Hurrikane, atmosphärische Fronten, Wolken und andere meteorologische Phänomene zu erkennen und zu verfolgen.

1. Geostationäre Satelliten: Diese Satelliten befinden sich in einer geosynchronen Umlaufbahn in einer Höhe von etwa 35.786 km und bleiben jederzeit über demselben Bereich der Erde und liefern kontinuierlich Bilder einer bestimmten Region. Beispiele hierfür sind Satelliten aus dem Geostationary Operational Environmental Satellite (GOES)-Programm der US-amerikanischen NOAA.

2. Polarumlaufende Satelliten: Diese Satelliten bewegen sich auf polaren Umlaufbahnen und überqueren auf jeder Umlaufbahn die Pole der Erde. Dies ermöglicht eine vollständige globale Abdeckung in relativ kurzer Zeit. Beispiele hierfür sind Satelliten des NOAA TIROS-Programms (Television Infrarot Observation Satellite).

Instrumente auf meteorologischen Satelliten

1. Radiometer und Bildsensoren: Erkennen elektromagnetische Strahlung, die von der Erde in verschiedenen Wellenlängen emittiert oder reflektiert wird, und ermöglichen so die Erstellung von Bildern von Wolken, Ozean, Eis, Vegetation und anderen Merkmalen.

2. Atmosphärensonden: Sie messen Temperatur, Luftfeuchtigkeit und Druck in verschiedenen Schichten der Atmosphäre und liefern wichtige Informationen zum Verständnis von Wettermustern.

3. Niederschlagsradare: Sie nutzen Mikrowellen, um die Intensität und Verteilung des Niederschlags zu erfassen, was für die Überwachung von Regen und Stürmen von entscheidender Bedeutung ist.

4. Sonden für Ozon und atmosphärische Gase: Messen Sie die Konzentration atmosphärischer Gase, einschließlich Ozon, und helfen Sie so, die Luftqualität zu überwachen und Phänomene im Zusammenhang mit der globalen Erwärmung zu verstehen.

Anwendungen meteorologischer Satelliten

Von meteorologischen Satelliten gesammelte Daten sind in mehreren Bereichen von entscheidender Bedeutung:

Wettervorhersage: Ermöglicht die Vorhersage kurzfristiger meteorologischer Phänomene wie Regen, Stürme und Schneestürme.
Überwachung von Naturkatastrophen: Erleichtert die Erkennung und Reaktion auf Ereignisse wie Hurrikane, Tornados, Erdbeben und Überschwemmungen.

Klimaforschung: Stellt Daten für Studien zum Klimawandel und zum Verhalten der Atmosphäre über lange Zeiträume bereit.

Navigation und Luftfahrt: Unterstützung bei der Navigation und Flugroutenplanung, Bereitstellung von Informationen zu Turbulenzen und atmosphärischen Bedingungen.

Verteidigungssatelliten: Weltraumüberwachung und Sicherheit

Verteidigungssatelliten sind entscheidende Komponenten der nationalen Sicherheitskapazitäten vieler Länder. Sie erfüllen vielfältige Funktionen, von der Weltraumüberwachung über sichere Kommunikation bis hin zur präzisen Navigation. Im Folgenden gehen wir detailliert auf die wichtigsten Typen und Funktionen von Verteidigungssatelliten ein.

Arten von Verteidigungssatelliten

1. Aufklärungs- und Spionagesatelliten: Diese Satelliten sind mit Informationserfassungssystemen wie hochauflösenden Kameras, elektrooptischen Sensoren und Radargeräten mit synthetischer Apertur ausgestattet. Sie werden zur Überwachung militärischer Aktivitäten, zur Analyse der Infrastruktur und zur Beschaffung von Informationen über strategische Bereiche eingesetzt.

2. Sichere Kommunikationssatelliten: Entwickelt, um sichere und verschlüsselte Kommunikationskanäle für Militär- und Sicherheitsbehörden bereitzustellen. Sie gewährleisten den sicheren und zuverlässigen Austausch sensibler Informationen auch in Konfliktsituationen.

3. Raketenangriffswarnsatelliten (SBIRS): Diese Satelliten erkennen den Start ballistischer Raketen auf der ganzen Welt und geben schnelle Warnungen zur Abwehr von Raketenangriffen ab.

4. Militärische Navigationssatelliten: Ähnlich wie zivile Satellitennavigationssysteme wie GPS ermöglichen diese Satelliten eine genaue Positionierung für Truppen bei Militäreinsätzen, Fahrzeugen und Flugzeugen in anspruchsvollen Umgebungen.

5. Restricted Space Access (RSO)-Satelliten: Werden für streng geheime und sensible Missionen wie Waffentests oder verdeckte Operationen verwendet. Spezifische Details über die Umlaufbahn und die Fähigkeiten von RSOs werden häufig klassifiziert.

Funktionen und Anwendungen

1. Schlachtfeldüberwachung und -überwachung: Verteidigungssatelliten liefern wichtige Informationen zur Überwachung von Truppenbewegungen, militärischer Ausrüstung, Stützpunkten und der strategischen Infrastruktur des Feindes. Dies hilft bei der Entscheidungsfindung in Echtzeit während militärischer Einsätze.

2. Aufklärung und Aufklärung: Ermöglicht die Sammlung wertvoller Informationen, einschließlich hochauflösender Bilder, Kommunikationssignale und Daten über feindliche Aktivitäten. Diese Informationen sind für die strategische und taktische Planung unerlässlich.

3. Sichere Kommunikation: Stellen Sie eine zuverlässige und verschlüsselte Kommunikation zwischen Militäreinheiten, Kommandanten und Sicherheitsbehörden sicher. Dies ist für die Koordinierung von Abläufen und den Schutz sensibler Informationen von entscheidender Bedeutung.

4. Navigation und präzise Positionierung: Erleichtern Sie die präzise Positionierung von Land-, Luft- und Seestreitkräften und ermöglichen Sie so die effiziente Durchführung von Operationen in verschiedenen Geländearten und Wetterbedingungen.

5. Raketenangriffsalarm: Erkennen und verfolgen Sie Raketenstarts und geben Sie wichtige Warnungen zur Abwehr von Angriffen mit ballistischen Raketen ab.

Herausforderungen und Zukunft

Verteidigungssatelliten stehen vor Herausforderungen wie der Bedrohung durch Antisatellitenwaffen und der zunehmenden Überlastung des Weltraums. Für die Zukunft wird erwartet, dass es Fortschritte bei Schutztechnologien wie Antisatellitensystemen und Weltraumtarntechniken geben wird.

Geothermische Satelliten;werden zur Überwachung der geothermischen Aktivität auf der Erde eingesetzt. Sie sind mit Instrumenten ausgestattet, die die Temperatur, die chemische Zusammensetzung und die geologische Struktur des Untergrunds messen können.

Seine Hauptfunktionen:

- Geothermische Wärmequellen erkennen: Kann geothermische Wärmequellen von der Erdoberfläche aus erkennen, auch wenn sie unter Vegetation oder Wasser verborgen sind.

- Geothermisches Potenzial kartieren: Sie können das geothermische Potenzial einer Region kartieren und Gebiete identifizieren, in denen sich mit hoher Wahrscheinlichkeit geothermische Wärmequellen befinden.

- Geothermische Aktivität überwachen: Sie können die geothermische Aktivität einer Region überwachen und Veränderungen im geothermischen Feld identifizieren, die auf ein Erdbeben oder einen Vulkanausbruch hinweisen könnten.

Einige der wichtigsten Geothermiesatelliten sind:

- Geosat-1: Geosat-1 war der erste geothermische Satellit, der 1985 gestartet wurde. Er wurde von der NASA und der USGS entwickelt, um die geothermische Aktivität in Nordamerika zu untersuchen.
- Terra: Terra wurde 1999 von der NASA ins Leben gerufen. Es handelt sich um einen Multimissionssatelliten, der eine Vielzahl von Instrumenten mit sich führt,

darunter ein Bodenradar, mit dem Temperaturen unter der Erdoberfläche gemessen werden können.

- ALOS-2: ALOS-2 wurde 2014 von JAXA eingeführt. Dabei handelt es sich um einen Radarsatelliten mit synthetischer Apertur, der zur Messung der Temperatur und Zusammensetzung des Untergrunds eingesetzt werden kann.

- SENTINEL-1A/B: SENTINEL-1A/B ist ein Paar Radarsatelliten mit synthetischer Apertur, die 2014 von der ESA gestartet wurden. Sie werden verwendet, um die Erde mithilfe von Radarbildern zu überwachen, einschließlich geothermischer Aktivitäten.

Weltraumforschungssatellitenspielen eine entscheidende Rolle bei der Erforschung und Erforschung des Weltraums jenseits der Erdumlaufbahn. Sie dienen dazu, Daten zu sammeln und Informationen über Himmelskörper wie Planeten, Monde, Asteroiden und Kometen zu erhalten. Nachfolgend sind einige Arten von Weltraumforschungssatelliten und ihre Funktionen aufgeführt:

1. Planeten- und Mondbeobachtungssatelliten: Diese Satelliten dienen der Untersuchung von Planeten in unserem Sonnensystem, wie zum Beispiel Mars, Jupiter, Saturn und ihren Monden. Sie können Beobachtungen der Oberflächen, Atmosphären und geologischen Merkmale dieser Körper durchführen.

2. Kometen- und Asteroiden-Beobachtungssatelliten: Sie werden zur Untersuchung dieser kleinen, felsigen Objekte verwendet, die die Sonne umkreisen. Sie können Aufschluss über die Zusammensetzung, Größe, Umlaufbahn und andere Eigenschaften dieser Himmelskörper geben.

3. Satelliten für bemannte Weltraummissionen: Diese Satelliten sind an bemannten Missionen in den Weltraum wie zum Mond oder Mars beteiligt und spielen eine wichtige Rolle bei der Navigation, Kommunikation und logistischen Unterstützung für

Astronauten.

4. Weltraumteleskop-Satelliten: Diese Satelliten beherbergen fortschrittliche Teleskope im Weltraum und ermöglichen Beobachtungen ohne Störungen durch die Erdatmosphäre. Bemerkenswerte Beispiele sind das Hubble-Weltraumteleskop.
5. Interplanetare Missionssatelliten: Sie dienen der Erforschung des interplanetaren Raums und untersuchen Phänomene wie Sonnenwind, Magnetfelder und hochenergetische Teilchen außerhalb des direkten Einflusses eines Himmelskörpers.

6. Mond- und Mars-Erkundungssatelliten: Diese sollen den Mond oder Mars im Detail untersuchen, einschließlich geologischer Merkmale, Oberflächenzusammensetzung und Atmosphären.

Zu den bemerkenswerten Namen von Weltraumforschungssatelliten gehören:

1. Voyager 1 und 2: Die 1977 gestarteten Voyager-Satelliten erkundeten Jupiter, Saturn, Uranus und Neptun und lieferten wertvolle Informationen über diese Planeten und ihre Monde.

2. Cassini-Huygens: Die Cassini-Huygens-Mission untersuchte den Saturn und seine Monde, einschließlich des legendären Mondes Titan, und lieferte wichtige Informationen über das Ringsystem des Saturn.

3. Mars-Rover (Geist, Gelegenheit, Neugier und Ausdauer): Diese Rover wurden ausgesandt, um den Mars zu erkunden und die Geologie, das Klima und die Möglichkeit von Leben in der Vergangenheit des Roten Planeten zu untersuchen.

4. Neue Horizonte: Diese Mission ermöglichte einen hautnahen Blick auf Pluto und sein Mondsystem und enthüllte unerwartete Details über diesen fernen Himmelskörper.

5. Hubble-Weltraumteleskop: Obwohl Hubble technisch gesehen kein Satellit im herkömmlichen Sinne ist, ist es eines der

bekanntesten Weltraumbeobachtungsinstrumente und hat seit seinem Start im Jahr 1990 unzählige Entdeckungen über das Universum geliefert.

Diese Weltraumforschungssatelliten haben entscheidend dazu beigetragen, unser Verständnis des Sonnensystems und des Universums im Allgemeinen zu erweitern. Sie haben uns wertvolle Informationen über die Entstehung, Zusammensetzung und Entwicklung von Himmelskörpern außerhalb der Erde geliefert.

Da die Technologie weiter voranschreitet und die Satellitenanwendungen zunehmen, ist es klar, dass sie im Mittelpunkt der globalen Infrastruktur bleiben werden. Die Integration neuer Technologien wie Satellitennetzwerke mit niedriger Umlaufbahn und große Satellitenkonstellationen verspricht eine weitere Erweiterung der Fähigkeiten und Vorteile, die Satelliten für die Gesellschaft bieten. Mit zunehmender Abhängigkeit von Satelliten steigen jedoch auch die Sicherheits- und Governance-Anforderungen, um die Integrität und kontinuierliche Effizienz dieser wichtigen Weltrauminfrastruktur sicherzustellen.

KAPITEL 6: MILITARISIERUNG DES WELTRAUMS UND HIMMLISCHE GEOPOLITIK

Die Erforschung und Nutzung des Weltraums ist nicht immun gegen die geopolitischen Dynamiken, die das internationale Szenario auf der Erde prägen. Je offensichtlicher das strategische und wirtschaftliche Potenzial des Weltraums wird, desto mehr konvergieren die Interessen der Weltmächte in diesem neuen Wettbewerbsfeld. In diesem Kapitel werden die Militarisierung des Weltraums, ihre geopolitischen Triebkräfte und die Auswirkungen, die sie auf die internationalen Beziehungen hat, untersucht.

Die Militarisierung des Weltraums wird durch eine Schnittstelle geopolitischer und strategischer Faktoren vorangetrieben. Erstens bietet der Weltraum eine einzigartige strategische Plattform für globale Überwachung und Kommunikation. Aufklärungssatelliten und sichere Kommunikationssysteme sind wesentliche Ressourcen bei Militär- und Geheimdienstoperationen. Darüber hinaus eröffnet die Möglichkeit, Waffen im Weltraum einzusetzen, neue Möglichkeiten zur Machtprojektion und Abschreckung.

Die Großmächte der Welt befinden sich in einem Wettlauf um die Überlegenheit im Weltraum. Die Vereinigten Staaten, Russland, China und andere Nationen investieren erheblich in militärische Raumfahrttechnologien. Der Wettbewerb reicht von der Fähigkeit, gegnerische Satelliten zu zerstören oder außer Gefecht zu setzen, bis hin zur Suche nach Verteidigungssystemen gegen Weltraumbedrohungen. Darüber hinaus spielen auch private Initiativen und kommerzielle Raumfahrtunternehmen eine zunehmende Rolle in diesem Bereich und verleihen der geopolitischen Dynamik eine neue Ebene der Komplexität.

Konflikt in Low Orbit und Weltraumkybernetik

Die niedrige Umlaufbahn, in der viele Kommunikations- und Navigationssatelliten operieren, ist zu einem Bereich geworden, der zunehmend Anlass zur Sorge gibt. Die Zerstörung von Satelliten oder die Beeinträchtigung ihres Betriebs kann erhebliche Auswirkungen auf die Fähigkeit zur Gewaltentfaltung und das Funktionieren globaler Netzwerke haben. Darüber hinaus ist die Weltraumkybernetik ein aufstrebendes Feld, in dem Länder Fähigkeiten entwickeln, um Satellitenkontroll- und Kommunikationssysteme anzugreifen und zu verteidigen.

Die Militarisierung des Weltraums wirft rechtliche und ethische Fragen auf. Bisher legen internationale Verträge wie der Weltraumvertrag und der Vertrag über die Nichtverbreitung von Kernwaffen allgemeine Grundsätze fest, die konkrete Anwendung dieser Abkommen auf militärische Aktivitäten im Weltraum ist jedoch immer noch Gegenstand von Debatten. Der Bedarf an klaren und wirksamen Standards zur Regulierung militärischer Aktivitäten im Weltraum ist ein Bereich von zunehmender Dringlichkeit.

Geopolitische Implikationen

Die Militarisierung des Weltraums hat tiefgreifende Auswirkungen auf die internationalen Beziehungen. Es könnte zu einem neuen Wettrüsten führen und das Kräftegleichgewicht zwischen den Nationen gefährden. Darüber hinaus bedeutet die globale gegenseitige Abhängigkeit von Satellitensystemen, dass die Zerstörung von Vermögenswerten im Weltraum erhebliche Nebenwirkungen auf Kommunikation, Navigation und andere kritische Infrastrukturen haben kann. Die Strategie der „Verweigerung des Zugangs" zum Weltraum wird zu einem integralen Bestandteil des militärischen Denkens vieler Nationen.

Die Militarisierung des Weltraums ist im Kontext der

zeitgenössischen Geopolitik eine unvermeidliche Entwicklung. Da strategische Interessen im Weltraum zusammenlaufen, steht die internationale Gemeinschaft vor der Herausforderung, Normen und Vereinbarungen zu etablieren, die die verantwortungsvolle und friedliche Nutzung dieses neuen Bereichs gewährleisten. Die zukünftige Militarisierung des Weltraums wird nicht nur die geopolitische Dynamik beeinflussen, sondern auch die Art und Weise, wie die Menschheit mit dem Universum jenseits der Erde interagiert. Internationale Zusammenarbeit und Diplomatie werden der Schlüssel sein, um sicherzustellen, dass der Weltraum für alle Länder eine sichere und zugängliche Umgebung bleibt.

KAPITEL 7: WETTBEWERB UND ZUSAMMENARBEIT DER GROSSMÄCHTE IM WELTRAUM: EINE EINGEHENDE GEOPOLITISCHE ANALYSE

Die Erforschung und Nutzung des Weltraums ist untrennbar mit der geopolitischen Dynamik zwischen den wichtigsten Weltmächten verknüpft. In diesem Kapitel werden die komplexen Wechselwirkungen von Wettbewerb und Kooperation, die die räumlichen Beziehungen zwischen Nationen charakterisieren, eingehend untersucht. Dabei werden die Konflikte und Kooperationsbemühungen hervorgehoben, die die globale Weltraumlandschaft prägen.

Der Aufstieg der großen Weltraummächte: Eine historische Reise

In den letzten Jahrzehnten haben sich Nationen wie die Vereinigten Staaten, Russland und in jüngerer Zeit China als unangefochtene Spitzenreiter in der Weltraumforschung etabliert. Diese Staaten haben beträchtliche Summen in Raumfahrtkapazitäten investiert und so einen harten Wettbewerb um die technologische und strategische Vormachtstellung in höheren Umlaufbahnen entfacht.

Strategische Rivalität: Zwischen Satelliten und Antisatellitensystemen

Die Militarisierung des Weltraums ist zu einem entscheidenden Schwerpunkt in der strategischen Rivalität zwischen diesen Mächten geworden. Die Fähigkeit, militärische Mittel einzusetzen, Überwachungsoperationen durchzuführen und sichere Kommunikationssysteme im Vakuum des Weltraums einzurichten, ist zu einer strategischen Notwendigkeit geworden.

Der Wettbewerb um die Entwicklung von Antisatellitensystemen spiegelt auch die Anerkennung der wesentlichen Rolle von Satelliten bei modernen Militäroperationen wider.

Weltraumdiplomatie und Herausforderungen bei der Anwendung internationaler Verträge

Trotz des harten Wettbewerbs spielt die Weltraumdiplomatie eine wichtige Rolle bei der Milderung von Konflikten und der Förderung der internationalen Zusammenarbeit. Verträge wie der Weltraumvertrag von 1967 haben grundlegende Prinzipien für die friedliche Nutzung des Weltraums festgelegt, aber die praktische Umsetzung dieser Abkommen angesichts der zunehmenden Militarisierung bleibt eine Herausforderung. Die dringende Notwendigkeit, diese Rechtsstrukturen zu aktualisieren und zu stärken, wird immer offensichtlicher.

Die Entstehung privater Initiativen: Eine neue Grenze

Neben staatlichen Initiativen spielen private Unternehmen und visionäre Unternehmer eine immer wichtigere Rolle bei der Weltraumforschung. Unternehmen wie SpaceX, Blue Origin und andere treiben technologische Innovationen voran und verändern die traditionelle Dynamik der Weltraumforschung. Diese Interaktion zwischen öffentlichem und privatem Sektor verspricht, die Art und Weise, wie wir Weltraumaktivitäten konzipieren und umsetzen, zu revolutionieren.

Internationale Zusammenarbeit und gemeinsame Projekte: Der symbolträchtige Fall der Internationalen Raumstation

Parallel zur geopolitischen Rivalität entwickelten sich gemeinsame Projekte und internationale Zusammenarbeit. Die Internationale Raumstation (ISS) ist ein bemerkenswerter Beweis für die Fähigkeit ehemals rivalisierender Nationen, in einem großen wissenschaftlichen und technologischen Unternehmen zusammenzuarbeiten. Diese Zusammenarbeit überwindet geopolitische Barrieren und dient als Hoffnungsträger für eine friedliche Zusammenarbeit im Weltraum.

Die Internationale Raumstation: Eine eingehende Analyse

Die Internationale Raumstation (ISS) ist eine der bemerkenswertesten Errungenschaften der internationalen Zusammenarbeit auf dem Gebiet der Weltraumforschung. Dieses Bauwerk umkreist die Erde in einer Höhe von etwa 400 Kilometern und dient als multifunktionale Plattform für wissenschaftliche Forschung, technische Experimente und Erdbeobachtungen. Dieses analytische Segment bietet einen detaillierten Einblick in die ISS und deckt ihre Geschichte, ihr Design, ihren Betrieb und ihre bedeutenden Beiträge zur Weltraumwissenschaft und -technologie ab.

Die Konzeption der ISS geht auf die 1980er Jahre zurück, als die NASA die Idee einer dauerhaft bewohnten Raumstation vorschlug. Die eigentliche Entwicklung der ISS begann jedoch Mitte der 1990er Jahre in einer beispiellosen internationalen Zusammenarbeit zwischen Raumfahrtagenturen aus mehreren Ländern, darunter NASA (USA), Roskosmos (Russland), ESA (Europäische Weltraumorganisation) und JAXA (Japanese Aerospace). Exploration Agency) und CSA (Canadian Space Agency). Das erste EEI-Modul namens Zarya wurde 1998 gestartet und markierte den Beginn einer Reihe von Missionen, die im Bau der Station gipfelten.

Design und Struktur

Das EEI ist eine modulare Struktur, die aus einer Reihe miteinander verbundener druckbeaufschlagter und druckloser Module besteht. Diese Module dienen als Labore, Schlafräume, Arbeitsbereiche und Lebenserhaltungssysteme für die Besatzung. Die Station wird von Solarpaneelen angetrieben, die elektrische Energie liefern, und ist mit hochentwickelten Lebenserhaltungssystemen ausgestattet, die die Versorgung der Besatzung mit Luft, Wasser und Nahrung gewährleisten.

Betrieb und Besatzung

Die ISS ist seit dem Jahr 2000 ununterbrochen bewohnt, wobei wechselnde Besatzungen von Astronauten und Kosmonauten für Zeiträume von einigen Wochen bis zu mehreren Monaten auf der Station bleiben. Die Besatzung führt eine Vielzahl wissenschaftlicher Experimente in Bereichen wie Biologie, Physik, Astronomie, Geowissenschaften und Biowissenschaften durch. Darüber hinaus dient die ISS als Labor zum Testen fortschrittlicher Weltraumtechnologien.

Wissenschaftliche und technologische Beiträge

Das EEI war eine unschätzbare Quelle wissenschaftlicher Entdeckungen und technologischer Fortschritte. Es hat wertvolle Einblicke in die menschliche Gesundheit im Weltraum, das Verhalten von Flüssigkeiten in der Schwerelosigkeit, das Pflanzenwachstum und die Anpassung von Organismen an die Weltraumumgebung geliefert. Darüber hinaus dient die Station als Testumgebung für Technologien, die für zukünftige Weltraummissionen, einschließlich der Erforschung des Mars, von grundlegender Bedeutung sind.

Internationale Zusammenarbeit und Weltraumdiplomatie

Die EEI ist ein bemerkenswertes Beispiel dafür, wie internationale Zusammenarbeit auch im Kontext geopolitischer Rivalitäten erreicht werden kann. Die Vereinigten Staaten und Russland beispielsweise arbeiten beim Betrieb der Station aktiv zusammen und zeigen damit, dass gemeinsame wissenschaftliche Ziele politische Differenzen überwinden können.

Die Internationale Raumstation ist ein Meilenstein in der Geschichte der Weltraumforschung und zeigt das Potenzial internationaler Zusammenarbeit zur Erreichung ehrgeiziger Ziele. Seine anhaltende Präsenz in der Erdumlaufbahn und sein Beitrag zur Weltraumwissenschaft und -technologie sind Beweise für die Fähigkeit der Menschheit, Grenzen und Herausforderungen zu überwinden, um unser Wissen über den Kosmos zu erweitern. Das EEI ist nicht nur ein Triumph menschlichen Einfallsreichtums, sondern auch ein Hoffnungsschimmer für zukünftige gemeinsame Weltraumbemühungen.

Anders als die ISS dient die Weltraumforschung als Arena, in der Rivalitäten und Kooperationen zwischen Großmächten hervorgehoben werden. Da der Weltraum weiterhin eine zentrale Rolle in der globalen Geopolitik spielt, wird die Interaktion zwischen Nationen nicht nur die Zukunft der Weltraumforschung prägen, sondern auch die Art und Weise, wie die Menschheit den Kosmos jenseits der Erde versteht und mit ihm interagiert. Das Gleichgewicht zwischen Wettbewerb und Zusammenarbeit ist von wesentlicher Bedeutung, um sicherzustellen, dass die Vorteile des Weltraums für die gesamte Menschheit zugänglich sind. Die Navigation durch diese Weltraumgewässer erfordert eine effektive Regierungsführung, einfallsreiche Diplomatie und eine gemeinsame Vision einer Zukunft, in der der Weltraum ein Bereich der Entdeckung und Zusammenarbeit ist.

KAPITEL 8: ASTROGRAPHIE – DIE KARTOGRAPHIE DES WELTRAUMS

Die Astrologie ist eine Disziplin von höchster Bedeutung auf dem Gebiet der Astronomie, die sich der Kartographie und detaillierten Kartierung von Himmelsobjekten im außerirdischen Raum widmet. Es geht über die Grenzen der Erdgeographie hinaus und schafft neue geopolitische Streitigkeiten und Konflikte, indem es fortschrittliche Techniken und Spitzentechnologie einsetzt, um die Weiten des Universums zu erkunden und darzustellen. Dieses Kapitel bietet eine umfassende Analyse der Astrologie, von ihren historischen Ursprüngen bis zu ihren zeitgenössischen Anwendungen und dem damit verbundenen aufkommenden akademischen Konzept.

Die Anfänge der Astrologie reichen bis in die Antike zurück, als Zivilisationen wie die Babylonier und die Griechen bereits die Positionen der Sterne am Nachthimmel beobachteten und aufzeichneten. Allerdings erlebte die Disziplin im 19. Jahrhundert bemerkenswerte Fortschritte, angetrieben durch die Entwicklung von Teleskopen mit höherer Auflösung und ausgefeilteren Beobachtungstechniken. Visionäre wie Johann Heinrich von Mädler und John Russell Hind erstellten genauere Sternkartierungen und markierten damit einen Meilenstein in der Entwicklung der Astrologie.

Die moderne Astrologie profitiert von einer breiten Palette modernster Instrumente und Methoden. Hochauflösende Teleskope, oft gekoppelt mit CCD-Kameras (ladungsgekoppelte Geräte), ermöglichen die detaillierte Erfassung bestimmter Himmelsbereiche. Darüber hinaus hat der Einsatz von Satelliten und Sonden, die mit fortschrittlichen Sensoren ausgestattet sind, die Beobachtungs- und Kartierungskapazitäten exponentiell erweitert und die Erkundung zuvor unzugänglicher Regionen des Weltraums ermöglicht.

Die Astrologie spielt in verschiedenen Bereichen der Astronomie und Weltraumwissenschaften eine wesentliche Rolle und hat erhebliche geopolitische Auswirkungen. Es spielt eine entscheidende Rolle bei der Identifizierung und Verfolgung von Asteroiden und Kometen und trägt zu unserem Verständnis der potenziellen Risiken von Einschlägen auf der Erde bei. Darüber hinaus spielt es eine entscheidende Rolle bei der Charakterisierung von Exoplaneten und der Suche nach Lebenszeichen in entfernten Sternensystemen.

Mit dem Fortschreiten der Weltraumforschung ist die Astrologie zu einem wichtigen Instrument bei der Auswahl von Standorten für bemannte und unbemannte Missionen geworden. Es liefert wichtige Daten zur Identifizierung geografischer, geologischer, physikalischer und chemischer Merkmale von Himmelskörpern wie Sternen, Nebeln, Galaxien, Planeten, Monden und Asteroiden und liefert Informationen für die Entwicklung von Instrumenten und Raumfahrzeugen, die für potenzielle Erkundungsmissionen unerlässlich sind.

Vor kurzem ist das Konzept der Weltraumastrographie entstanden, ein Zweig der Disziplin, der sich auf die Kartographie von Objekten und Himmelskörpern außerhalb unseres Sonnensystems konzentriert. Dies umfasst die Kartierung von Exoplaneten, entfernten Sternensystemen und interstellaren Regionen. Die Weltraumastrologie stellt ein schnell wachsendes Forschungsgebiet dar und verspricht, unser Verständnis des Universums über die Grenzen unserer eigenen Galaxie hinaus zu erweitern.

Nach Angaben der China Atomic Energy Authority (CAEA) auf Portugiesisch (China Atomic Energy Authority) wurde ein neues Mineral genannt*Changesite-(Y)*unter den Mondproben, die zur Erde gebracht wurden. Die Verbindung wurde von der Commission for Classification and Nomenclature of New Minerals, einer der International Mineralogical Association unterstellten Einrichtung, offiziell identifiziert und validiert.

Die Identifizierung wurde von Wissenschaftlern des Uranium Geology Research Institute (BRIUG) in der chinesischen Hauptstadt Peking durchgeführt. Das Mineral wurde in Proben gefunden, die im nordöstlichen Bereich von Oceanus Procellarum während der Mondmission gewonnen wurden, einer unbemannten Erkundung, die im November 2020 auf dem Mond landete und bereits 1,8 kg Mondproben gesammelt hat, die ersten in diesem Jahrhundert. Es muss gesagt werden, dass China das einzige Land ist, das die Mondregion kartiert hat, in der sich die Helium-3-Quellen befinden.

Nach Angaben von eine weitere Leistung(Indische Weltraumforschungsorganisation – ISRO) auf Portugiesisch (Indische Weltraumforschungsorganisation) war der Start der Chandrayaan-3-Mission zum Südpol des Mondes im August 2023. ISRO bestätigte später, dass es eine bidirektionale Kommunikation mit der Sonde hergestellt hatte und veröffentlichte die ersten Bilder der Oberfläche, die während der Endphase der Raumsonde aufgenommen wurden Abstieg.

Der Lander, der etwa 1.700 kg wiegt, und der Rover, der 26 kg wiegt, sind mit einer Vielzahl wissenschaftlicher Instrumente ausgestattet, die bereit sind, Daten zu sammeln, die Forschern bei der Analyse der Mondoberfläche helfen und neue Einblicke in ihre Zusammensetzung liefern, die gefrorene Wasserreserven kartieren.

Darüber hinaus wird die Region des Südpols des Mondes als ein Gebiet von enormer wissenschaftlicher und strategischer Bedeutung für Nationen angesehen, die sich mit der Erforschung des Weltraums befassen, da davon ausgegangen wird, dass sich in diesem Gebiet feste Wasservorkommen befinden. Dieses in noch nicht erforschten Kratern gefrorene Wasser könnte in

Raketentreibstoff umgewandelt oder sogar als Trinkwasser in zukünftigen bemannten Missionen verwendet werden.

„Der Mond stellt einen beträchtlichen wissenschaftlichen Wert dar, weshalb wir in jüngster Zeit zahlreiche Versuche gesehen haben, auf seine Oberfläche zurückzukehren", sagte NASA-Direktor Bill Nelson in einer offiziellen Erklärung. „Wir freuen uns auf alles, was wir in Zukunft lernen werden, einschließlich der bevorstehenden indischen Mission Chandraayan-3." Indien ist nach den USA, Russland und China das vierte Land, das dem ausgewählten Weltraumclub beitritt.

In diesem Zusammenhang beginnen wir zu verstehen, wie wichtig das Studium der Astrologie in der heutigen Welt ist.

Die Astrologie bleibt eine grundlegende und wenig erforschte Disziplin an brasilianischen Universitäten und Schulen. Diese Disziplin ermöglicht es uns, den riesigen Kosmos um uns herum abzubilden und zu verstehen. Von seinen historischen Wurzeln über seine zeitgenössischen Anwendungen bis hin zum neuen Paradigma der Weltraumastrographie spielt es eine entscheidende Rolle bei der Erforschung und dem Verständnis des Weltraums. Zu Beginn des 21. Jahrhunderts wird die Astrologie weiterhin ein wesentliches Instrument zur Erweiterung des Horizonts des astronomischen und räumlichen Wissens sein und eine neue geopolitische Diskussion eröffnen.

KAPITEL 9: DAS NEUE WELTRAUMRENNEN: PRIVATUNTERNEHMEN UND GEWERBEFLÄCHEN

Die Weltraumforschung, die einst von Regierungsbehörden monopolisiert wurde, erlebt im 21. Jahrhundert eine bedeutende Revolution. Private Unternehmen spielen bei der Eroberung des Weltraums eine immer wichtigere Rolle und treiben einen neuen Weltraumwettlauf voran, der von technologischen Fortschritten und der Suche nach kommerziellen Möglichkeiten geprägt ist. In diesem Kapitel wird dieser Wandel im Detail untersucht und die Hauptakteure, bemerkenswerten Erfolge und Herausforderungen untersucht, denen sich die sich schnell entwickelnde Landschaft des Gewerberaums gegenübersieht.

Das Aufkommen privater Raumfahrtunternehmen, angeführt von Giganten wie SpaceX, Blue Origin und Virgin Galactic, verändert die Landschaft der Weltraumforschung radikal. Diese Unternehmen haben wiederverwendbare Raketen und innovative Technologien entwickelt und damit die Kosten für den Zugang zum Weltraum erheblich gesenkt. Dadurch wurde die Erforschung des Weltraums demokratisiert und es neuen Akteuren, darunter auch kleineren Unternehmen, ermöglicht, sich aktiv zu beteiligen.

Eine Zusammenfassung über ScapeX

SpaceX wurde 2002 von Elon Musk gegründet und ist ein privates Unternehmen für Raumtransportdienstleistungen. Seine Mission ist es, das Leben multiplanetarisch zu machen, und zu diesem Zweck entwickelt es innovative Technologien, um die Kosten zu senken und die Effizienz von Weltraumstarts zu steigern.

SpaceX ist für mehrere historische Errungenschaften im Luft- und Raumfahrtsektor verantwortlich. Im Jahr 2008 war es das erste private Unternehmen, das eine Flüssigtreibstoffrakete in die Erdumlaufbahn schickte. Im Jahr 2010 war es das erste private Unternehmen, das ein Raumschiff startete, in die Umlaufbahn brachte und geborgen hat. Im Jahr 2012 war es das erste private Unternehmen, das ein Raumschiff zur Internationalen Raumstation (ISS) schickte. Und im Jahr 2020 war es das erste private Unternehmen, das Astronauten zur ISS brachte.

Die Hauptraketen von SpaceX sind:

- Falcon 1: eine kleine Rakete, die zum Transport leichter Nutzlasten in die Erdumlaufbahn dient.

- Falcon 9: eine mittelgroße Rakete, mit der Nutzlasten von bis zu 22 Tonnen in die Erdumlaufbahn transportiert werden können.

- Falcon Heavy: Die stärkste Rakete der Welt, mit der Nutzlasten von bis zu 64 Tonnen in die Erdumlaufbahn transportiert werden können.

- Raumschiff: Eine in der Entwicklung befindliche große Rakete, mit der Fracht und Menschen zum Mond, zum Mars und zu anderen Zielen außerhalb der Erde transportiert werden sollen.

SpaceX entwickelt außerdem innovative Technologien, um Raketen wiederverwendbar zu machen. Die Falcon 9 ist die weltweit erste wiederverwendbare kommerzielle Rakete, und auch die Falcon Heavy ist wiederverwendbar. Dies bedeutet, dass die Hauptstufen der Raketen nach dem Start wiederhergestellt und bei späteren Starts wiederverwendet werden können. Ein führendes Unternehmen in der Revolution der Raumfahrtindustrie. Seine innovativen Technologien machen die Raumfahrt billiger und zugänglicher, was neue Wege für die Weltraumforschung eröffnet.

Weltraumtourismus: Eine aufstrebende neue Industrie

Ein weiterer spannender Aspekt des kommerziellen Raums ist der Weltraumtourismus. Unternehmen wie Virgin Galactic und Blue Origin entwickeln suborbitale Fahrzeuge, die Zivilisten die Möglichkeit zu Schwerelosigkeitserlebnissen bieten. Dies stellt den Beginn einer Weltraumtourismusbranche dar, in der sich wohlhabende Privatpersonen das Abenteuer einer Weltraumreise leisten können.

Über Virgin Galactic

Virgin Galactic ist ein Weltraumtourismusunternehmen, das 2004 von Richard Branson gegründet wurde. Seine Mission ist es, die Raumfahrt zugänglicher zu machen und die Weltraumforschung zu demokratisieren.

Das Unternehmen hat SpaceShipTwo entwickelt, ein suborbitales Raumschiff, das sechs Passagiere und zwei Besatzungsmitglieder in eine Höhe von 80 km befördern kann, wo für einige Minuten Schwerelosigkeit herrscht. SpaceShipTwo wird von einem Mutterflugzeug, WhiteKnightTwo, gestartet, das es auf eine Höhe von etwa 15 km bringt. SpaceShipTwo trennt sich dann von WhiteKnightTwo und zündet seinen Motor, um die gewünschte Höhe zu erreichen.

Im Jahr 2018 führte Virgin Galactic seinen ersten bemannten Flug ins All durch. Im Jahr 2021 führte das Unternehmen seinen ersten kommerziellen Flug durch und transportierte eine Gruppe von Weltraumtouristen.

Zusätzlich zu SpaceShipTwo entwickelt Virgin Galactic LauncherOne, eine kleine Rakete, mit der Satelliten in die Erdumlaufbahn gebracht werden können. LauncherOne befindet sich seit 2014 in der Entwicklung und soll 2023 seinen ersten Start starten. Ein führendes Unternehmen im Weltraumtourismussektor. Seine Technologien machen die Raumfahrt zugänglicher, was neue Möglichkeiten für die Weltraumforschung eröffnet.

Interessante Fakten über Virgin Galactic:

- Das Unternehmen hat mehr als 600 Kunden, die bereits Tickets für einen Weltraumflug erworben haben.

- Der Preis für ein Ticket für einen Raumflug von Virgin Galactic beträgt 450.000 US-Dollar.

- Virgin Galactic ist mit einem Marktwert von mehr als 10 Milliarden US-Dollar eines der am höchsten bewerteten Unternehmen der Welt.

Über Blue Origin

Blue Origin ist ein privates Unternehmen für Raumtransportdienstleistungen, das im Jahr 2000 von Jeff Bezos, dem Gründer von Amazon, gegründet wurde. Ihre Mission ist es, den Zugang zum Weltraum billiger und zugänglicher zu machen, damit mehr Menschen die Vorteile des Weltraums erkunden und genießen können.

Hauptraketen:

- New Shepard: eine suborbitale Rakete, die sechs Passagiere und zwei Besatzungsmitglieder in eine Höhe von 100 km befördern kann, wo für einige Minuten Schwerelosigkeit herrscht. New Shepard wird vertikal gestartet und kehrt nach Erreichen der gewünschten Höhe im Gleitflug zur Erde zurück.

- New Glenn: eine Orbitalrakete, die bis zu 45 Tonnen in die Erdumlaufbahn befördern kann. New Glenn befindet sich seit 2012 in der Entwicklung und soll 2023 erstmals auf den Markt kommen.

Blue Origin entwickelt außerdem innovative Technologien, um Raketen wiederverwendbar zu machen. Die New Shepard ist die erste wiederverwendbare suborbitale Rakete der Welt, und auch die New Glenn wird wiederverwendbar sein. Dies bedeutet, dass die Hauptstufen der Raketen nach dem Start wiederhergestellt und bei späteren Starts wiederverwendet werden können. Es ist eines der wichtigsten Unternehmen im Raumfahrtsektor. Seine innovativen Technologien machen die Raumfahrt billiger und zugänglicher, was neue Wege für die Weltraumforschung eröffnet.

Interessante Fakten über Blue Origin:

- Das Unternehmen beschäftigt mehr als 2.000 Mitarbeiter.
- Der Preis für ein Ticket für einen suborbitalen Flug beträgt 250.000 US-Dollar.
- Blue Origin ist eines der am höchsten bewerteten Unternehmen der Welt mit einem Marktwert von mehr als 100 Milliarden US-Dollar.

Die wachsende Präsenz privater Unternehmen im Weltraum bringt jedoch auch erhebliche Herausforderungen mit sich. Regulierungs-, Umwelt- und Sicherheitsfragen erfordern sorgfältige Aufmerksamkeit. Darüber hinaus sind die ethischen Implikationen der Erforschung und des Handels mit Weltraumressourcen, beispielsweise Mineralien auf Asteroiden, umstritten. Auch hier wird die Notwendigkeit einer wirksamen Governance zur Überwachung dieser kommerziellen Aktivitäten immer offensichtlicher. Es ist äußerst besorgniserregend, zwei oder drei Geschäftsleuten so viel Macht in ihren Händen zu lassen.

KAPITEL 10: DIE ROLLE DER WELTRAUMSPIONAGE IN DER MODERNEN GEOPOLITIK

Die Nutzung des Weltraums für Spionage- und Überwachungsaktivitäten ist eine entscheidende Dimension moderner Geopolitik. Die Weltraumspionage hat eine neue Ära der Information und Aufklärung eingeläutet und den Staaten beispiellose strategische Einblicke verschafft. Dieses Kapitel untersucht die Entwicklung, Mittel und Rolle der Weltraumspionage in der zeitgenössischen geopolitischen Landschaft und analysiert, wie sie internationale Entscheidungen und Beziehungen beeinflusst.

Das Interesse an der Nutzung des Weltraums für Aufklärungs- und Überwachungszwecke reicht bis in die frühen Jahre des Weltraumzeitalters zurück. Während des Kalten Krieges entwickelten sowohl die Vereinigten Staaten als auch die Sowjetunion Aufklärungssatellitenkapazitäten und leiteten damit eine neue Ära der globalen Beobachtung und Überwachung ein. Diese frühen Satelliten wurden verwendet, um wichtige Informationen über die militärischen Aktivitäten eines Gegners zu sammeln.

Weltraumspionage umfasst ein breites Spektrum an Aktivitäten, vom Sammeln hochauflösender Bilder über das Abfangen von Kommunikation bis hin zur Verfolgung elektronischer Signale. Optische und Radar-Aufklärungssatelliten liefern detaillierte Bilder bestimmter Gebiete der Erde und ermöglichen die Analyse militärischer Einrichtungen und Truppenbewegungen. Darüber hinaus sammeln Abhör- und Signalaufklärungssatelliten Kommunikations- und elektronische Daten und liefern wichtige Informationen über die Absichten und Fähigkeiten anderer

Staaten.

Die Fähigkeit, Weltraumspionageoperationen durchzuführen, hat tiefgreifende Auswirkungen auf die moderne Geopolitik. Es verschafft Staaten, die über diese Fähigkeiten verfügen, strategische Vorteile und ermöglicht ein genaueres Verständnis der Absichten und Aktivitäten anderer internationaler Akteure. Darüber hinaus kann Weltraumspionage diplomatische Verhandlungen und Abschreckungsstrategien beeinflussen.

Trotz der strategischen Vorteile wirft Weltraumspionage auch ethische und rechtliche Fragen auf. Der Einsatz von Überwachungsmöglichkeiten im Weltraum wirft Bedenken hinsichtlich der Privatsphäre und Souveränität anderer Nationen auf. Die internationale Gemeinschaft ist immer noch dabei, Regeln und Vorschriften zu entwickeln, um Weltraumspionageaktivitäten zu regeln und sicherzustellen, dass sie verantwortungsvoll und im Einklang mit dem Völkerrecht durchgeführt werden.

Mit fortschreitender Technologie tritt die Weltraumspionage in eine neue Ära ein. Die Entwicklung von Erdbeobachtungssatellitenkonstellationen, die Verbreitung künstlicher Intelligenztechnologien und die Miniaturisierung von Satelliten verändern die Art und Weise, wie Weltraumspionage betrieben wird. Diese Innovationen versprechen, die Überwachungs- und Informationserfassungsmöglichkeiten im Weltraum weiter auszubauen.

Weltraumspionage stellt einen wesentlichen Aspekt der modernen Geopolitik dar und verschafft den beteiligten Ländern einen entscheidenden Vorteil in einer immer komplexeren und wettbewerbsintensiveren Welt. Da sich die Fähigkeiten zur Weltraumspionage ständig weiterentwickeln, ist es unerlässlich, dass die internationale Gemeinschaft daran arbeitet, klare Richtlinien und ethische Standards für die verantwortungsvolle Nutzung des Weltraums für Geheimdienst- und Überwachungszwecke festzulegen. Weltraumspionage wird weiterhin ein wichtiges Instrument bei strategischen Entscheidungen und der Wahrung der nationalen und internationalen Sicherheit bleiben, da sie neue, beispiellose geopolitische Hindernisse schafft.

KAPITEL 11: MONDGEOPOLITIK: DIE RÜCKKEHR ZUM MOND UND IHRE GEOPOLITISCHEN IMPLIKATIONEN

Die Rückkehr zum Mond stellt einen entscheidenden Meilenstein in der heutigen Weltraumforschung dar und bringt erhebliche geopolitische Implikationen mit sich. Dieses Unterfangen ist nicht nur eine technische Errungenschaft, sondern spiegelt auch die Machtdynamik und den Wettbewerb zwischen den wichtigsten Weltraummächten wider. In diesem Kapitel werden das Wiederaufleben des Mondinteresses, die Strategien der beteiligten Nationen und die geopolitischen Implikationen dieses neuen Kapitels der Weltraumforschung untersucht.

Nach jahrzehntelanger Konzentration auf orbitale und interplanetare Erforschung ist das Interesse am Mond im 21. Jahrhundert neu entfacht. Länder wie die USA, China, Russland und Indien haben zusammen mit privaten Akteuren ehrgeizige Pläne für eine Rückkehr zum Mond angekündigt. Diese Renaissance wird durch eine Kombination aus wissenschaftlichen, technologischen und geopolitischen Zielen motiviert.

Die Erforschung des Mondes hat sich zu einem Wettbewerbsfeld zwischen Großmächten entwickelt. Die Vereinigten Staaten haben das Artemis-Programm, das darauf abzielt, die erste Frau und den nächsten Mann zum Mond zu bringen, mit einer starken Komponente der internationalen Zusammenarbeit. China hat seine Weltraumambitionen mit der Chang'e-Mission unter Beweis gestellt, die in naher Zukunft sowohl bemannte als auch robotische Missionen zum Mond umfasst. Indien macht mit der Mission große Fortschritte*Chandrayaan*, muss betont werden, dass die*Indiens* Mondmodul besteht aus drei Teilen: einem Landemodul (Vikram), einem Laufroboter (Pragyan) und einem Antriebsmodul, das es dem Raumschiff ermöglichte, die 384.400 Kilometer zwischen Mond und Erde zurückzulegen. schon die Russland verliert in diesem neuen Unterfangen aufgrund des Krieges mit der Ukraine Positionen, das Land liegt im ausgewählten Weltraumclub auf dem letzten Platz, hat jedoch Interesse bekundet, in den kommenden Jahren eine Mondpräsenz aufzubauen.

Bei der Rückkehr zum Mond spielt die Geopolitik eine zentrale Rolle. Die Kontrolle über Mondressourcen wie Wasser und Mineralien könnte erhebliche strategische und wirtschaftliche Auswirkungen haben. Darüber hinaus könnte die Etablierung einer Mondpräsenz als Demonstration technologischer Leistungsfähigkeit und als Zeichen des Status auf der Weltbühne interpretiert werden.

Obwohl es einen Wettbewerb zwischen Großmächten gibt, gibt es auch Raum für internationale Zusammenarbeit bei der Monderkundung. Projekte wie die Lunar Gateway Station, eine Zusammenarbeit zwischen Raumfahrtagenturen verschiedener Länder, veranschaulichen die Möglichkeit gemeinsamer Anstrengungen bei der Monderkundung. Der Wettbewerb um Ressourcen und Prestige bleibt in diesem Zusammenhang jedoch ein zentrales Element.

Die Lunar Gateway Station: Internationale Zusammenarbeit, Ziele und geopolitische Implikationen

Die Lunar Gateway Station ist ein ehrgeiziges Projekt im Bereich der Weltraumforschung, das eine internationale Zusammenarbeit zwischen mehreren Nationen darstellt, darunter den Vereinigten

Staaten, Kanada, Japan, Europa (vertreten durch die ESA – Europäische Weltraumorganisation) und anderen Partnern. Diese geplante Mondraumstation wird eine entscheidende Rolle bei der Rückkehr des Menschen zum Mond spielen und neue Möglichkeiten für die Erforschung und Forschung im Weltraum eröffnen.

Das Gateway-Projekt, eine geplante Raumstation, die den Mond umkreisen und als Außenposten für die Monderkundung dienen soll, wird schrittweise gebaut und besteht aus Wohnmodulen, Forschungslabors, Lebenserhaltungssystemen und wesentlicher Infrastruktur. Die Lage in der Mondumlaufbahn wird einen relativ einfachen Zugang zur Mondoberfläche ermöglichen und Erkundungsmissionen erleichtern.

Der Hauptzweck der Lunar Gateway Station besteht darin, bemannte Missionen zum Mond zu unterstützen und eine nachhaltige und langfristige Erkundung der Mondumgebung zu fördern.

Zu seinen Hauptzielen gehören:

1. Mondmissionen: Das Gateway dient als Start- und Endpunkt für bemannte Mondmissionen. Astronauten verlassen die Station und begeben sich auf die Mondoberfläche, wo sie wissenschaftliche Forschung betreiben, Ressourcen erkunden und Experimente durchführen können.

2. Wissenschaftliches Labor: Die Station wird wissenschaftliche Labore beherbergen, die die Durchführung von Forschungen in Bereichen wie Mondgeologie, Astrophysik und Studien der Erde aus der Mondperspektive ermöglichen.

3. Lebenserhaltung: Das Gateway wird Lebenserhaltungssysteme bereitstellen, die längere Aufenthalte in der Mondumlaufbahn ermöglichen und eine nachhaltige Monderkundung erleichtern.

4. Technologietests: Die Station wird eine ideale Umgebung zum Testen fortschrittlicher Weltraumtechnologien sein, die in zukünftigen Missionen zum Mars und darüber hinaus eingesetzt werden können.

Das Gateway-Projekt ist ein bemerkenswertes Beispiel für die internationale Zusammenarbeit im Bereich der Weltraumforschung. Neben der NASA, der US-Raumfahrtbehörde, beteiligen sich mehrere andere Länder an dem Projekt. Kanada liefert Canadarm3, ein fortschrittliches Robotersystem, während die ESA (Europäische Weltraumorganisation) das Servicemodul und andere wesentliche Elemente beisteuert. Auch Japan steuert Ressourcen und technisches Fachwissen bei.

Die Lunar Gateway Station hat mehrere wichtige geopolitische Implikationen:

1. Internationale Zusammenarbeit: Das Projekt unterstreicht die Fähigkeit von Nationen, bei hochrangigen Weltraumaktivitäten zu konkurrieren und zusammenzuarbeiten. Diese Zusammenarbeit kann die internationalen Beziehungen positiv beeinflussen und die Weltraumdiplomatie fördern.

2. Status und Prestige: Eine bedeutende Präsenz in der Monderkundung, wie beispielsweise die Teilnahme an Gateway, kann den Status und das Ansehen eines Landes auf der internationalen Bühne steigern und die technologische Leistungsfähigkeit und das Engagement für die Weltraumforschung demonstrieren.

3. Zugang zu Weltraumressourcen: Die Erforschung des Mondes ist auch mit der Suche nach Mondressourcen wie Wasser und Mineralien verbunden. Am Gateway beteiligte Länder können beim Zugriff auf diese wertvollen Ressourcen strategische Vorteile haben.

4. Nationale Sicherheit: Die Fähigkeit, Aktivitäten in der Mondumlaufbahn durchzuführen und zu beeinflussen, kann als nationale Sicherheitsfrage angesehen werden, da sie wertvolle Informationen und strategischen Einfluss liefern kann.

Die Lunar Gateway Station ist ein bemerkenswertes Projekt, das die internationale Zusammenarbeit bei der Weltraumforschung veranschaulicht. Zusätzlich zu seinen wissenschaftlichen und technologischen Zielen hat es erhebliche geopolitische Implikationen und unterstreicht die Bedeutung der Weltraumforschung als einen Bereich, der nationale Grenzen überschreitet und die globale Dynamik beeinflusst. Zusammenarbeit und Wettbewerb bei der Monderkundung werden die Zukunft der Weltraumforschung und die Position der Nationen auf der Weltbühne prägen.

Die Rückkehr zum Mond markiert eine neue Ära der Weltraumforschung und ist von tiefgreifenden geopolitischen Überlegungen geprägt. Da Nationen bei diesem Unterfangen miteinander konkurrieren und zusammenarbeiten, ist es unerlässlich, nicht nur die technischen Herausforderungen, sondern auch die geopolitischen Auswirkungen dieser neuen Mondgrenze zu berücksichtigen. Die Zukunft der Mondforschung wird sowohl von der technologischen Kapazität als auch von der Fähigkeit internationaler Akteure beeinflusst, die komplexen geopolitischen Dynamiken zu bewältigen, die den Weltraum durchdringen.

KAPITEL 12: EIN NEUER GEOPOLITISCHER KONTEXT UNTER DER SCHIRMHERRSCHAFT DER UNITED STATES SPACE FORCE

Die Gründung der United States Space Force (USSF) stellt einen Wendepunkt in der zeitgenössischen Geopolitik dar und markiert die Anerkennung der wachsenden Bedeutung des Weltraums als strategische Militärdomäne. Die USSF wurde am 20. Dezember 2019 mit der Unterzeichnung des National Defense Authorization Act 2020 durch den damaligen Präsidenten Donald Trump offiziell gegründet. Mit dieser Gesetzgebung wurde die sechste Zweigstelle der US-Streitkräfte gegründet und spiegelte die Erkenntnis wider, dass eine speziell für den Weltraum zuständige Einheit erforderlich ist, um Weltraumoperationen und -sicherheit zu koordinieren und zu leiten.

Mit dem United States Space Force Act wurde festgelegt, dass es so strukturiert, ausgebildet und ausgerüstet werden sollte, dass es „die Handlungsfreiheit der Vereinigten Staaten im Weltraum sichert" und schnelle und nachhaltige Weltraumoperationen ermöglicht. Zu seinen erklärten Aufgaben gehören der Schutz der Interessen der Vereinigten Staaten im Weltraum, die Abschreckung von Aggressionen im Weltraum und die Durchführung von Weltraumoperationen. Am 10. August 2020 veröffentlichte die Space Force ihre Kerndoktrin mit dem Titel „Spacepower" und erweiterte damit ihre aufgeführten Missionen und Verantwortlichkeiten weiter.

Im Bereich der Weltraummacht identifiziert diese neue Truppe drei grundlegende Verantwortlichkeiten, die die Bedeutung der Weltraummacht für die Sicherheit und den Wohlstand der Vereinigten Staaten hervorheben. Diese sind: die Bereitstellung von Handlungsfreiheit im Weltraumbereich, die Ermöglichung gemeinsamer Tödlichkeit und Wirksamkeit sowie die Bereitstellung unabhängiger Führungsoptionen für US-Bürger, die in der Lage sind, nationale Ziele zu erreichen.

Darüber hinaus beschreibt Space Power fünf Kernkompetenzen der Guardians, wie sie sich selbst nennen, und zeigt, wie Space Power eingesetzt wird. Dazu gehören: Weltraumsicherheit, Kampfkraftprojektion, Weltraummobilität und -logistik, Informationsmobilität und Bewusstsein für Weltraumdomänen. Um diese Kompetenzen zu erreichen, zählt Space Power sieben kritische Disziplinen auf, darunter: Orbitalkriegsführung, elektromagnetische Weltraumkriegsführung, Weltraumkampfmanagement, Weltraumzugang und -erhaltung, militärischer Geheimdienst, Cyberoperationen sowie Technik und Akquisitionen.

Am 9. August 2018 erklärte der nordamerikanische Vizepräsident Mike Pence, dass die Space Force bis zum Jahr 2020 ihre volle Einsatzfähigkeit erreichen sollte. Er betonte, dass die Vereinigten Staaten angesichts der bemerkenswerten Fortschritte Anstrengungen unternehmen müssen, um ihre Vormachtstellung im Weltraum zu bewahren seine Gegner in diesem Bereich. Pence verdeutlichte die Situation, indem er erklärte:

„Seit vielen Jahren suchen Nationen wie Russland, China, Nordkorea und Iran nach Möglichkeiten, unsere Navigations- und Kommunikationssatelliten durch elektronische Angriffe vom Boden aus lahmzulegen. In jüngster Zeit arbeiten unsere Gegner an der Entwicklung von Waffen mit der Absicht, sie einzusetzen." im Weltraum."-Mike Pence

Dieses Szenario betrifft die Möglichkeit des Einsatzes fortschrittlicher russischer und chinesischer Antisatellitenwaffen (ASAT) sowie potenzieller elektronischer Kriegsführung und Cyberangriffsfähigkeiten im Weltraum. Dazu gehören außerdem Gegenreaktionsmaßnahmen im

Hinblick auf dedizierte militärische Satellitenkommunikation (SATCOM), Satellitenbilder mit synthetischem Aperturradar (SAR) und verbesserte Fähigkeiten gegenüber globalen Navigationssatellitensystemen wie BeiDou und GLONASS.

Die Bezeichnung „Guardians" ist eine Hommage an das Erbe und die Geschichte der Weltraumaktivitäten der Vereinigten Staaten. Es spiegelt die sich entwickelnde Rolle des Militärs in der Weltraumsicherheit wider und erkennt die wachsende Bedeutung des Weltraumbereichs für militärische und zivile Operationen an. Heute verfügt die (USSF) über 8.600 aktive Militärangehörige, verzeichnet jedoch ein exponentielles Wachstum und rekrutiert Militärangehörige aus den unterschiedlichsten Bereichen sowie interessierte Zivilisten.

KAPITEL 13: MARS UND DARÜBER HINAUS: DIE HERAUSFORDERUNGEN DER MENSCHLICHEN ERFORSCHUNG UND GEOPOLITISCHE IMPLIKATIONEN

Die Erforschung des Planeten Mars und darüber hinaus stellt den nächsten mutigen Schritt auf dem Weg zur Ausweitung der menschlichen Präsenz im Weltraum dar. Dieses Unterfangen ist jedoch nicht nur eine technische Meisterleistung, sondern auch ein Feld komplexer geopolitischer Überlegungen. In diesem Kapitel geht es um die Herausforderungen, die mit der menschlichen Erforschung des Mars einhergehen, sowie um die geopolitischen Implikationen, die dieses ehrgeizige Unterfangen mit sich bringt.

Die Erforschung des Mars steht vor einer Reihe gewaltiger technischer Herausforderungen. Dazu gehört die Notwendigkeit, fortschrittliche Technologien für interplanetare Reisen zu entwickeln, etwa Langstreckenantriebe und hocheffiziente Lebenserhaltungssysteme. Darüber hinaus erfordert die Komplexität der Landung auf dem Mars und des erfolgreichen Betriebs auf seiner Oberfläche ein beispielloses Maß an Präzision und Zuverlässigkeit.

Die Erforschung des Mars und darüber hinaus hat erhebliche geopolitische Auswirkungen. Die Fähigkeit einer Nation oder eines Konsortiums von Nationen, erfolgreiche bemannte Missionen zum Roten Planeten durchzuführen, kann erhebliche Vorteile in Bezug auf Prestige, globalen Einfluss und technologische Führung bringen. Darüber hinaus könnte die Erforschung des Mars einen neuen Wettlauf ins All auslösen, bei dem Nationen um den Aufbau einer Präsenz und die Eroberung von Territorien in einer neuen Welt konkurrieren.

Die Erforschung des Mars wirft die grundlegende Frage auf, ob internationale Zusammenarbeit oder Weltraumwettbewerb dieses Unterfangen dominieren wird. Während die Zusammenarbeit gegenseitige Vorteile mit sich bringen kann, etwa die gemeinsame Nutzung von Kosten und Ressourcen, kann der Wettbewerb Innovationen vorantreiben und den Fortschritt beschleunigen. Die Festlegung des gewählten Modells wird nachhaltige Auswirkungen auf die geopolitische Dynamik im Weltraum haben.

Die zukünftige Erforschung des Mars ist auch mit der Suche nach potenziellen Ressourcen wie Wasser, Mineralien und sogar möglichen Biomarkern verbunden. Der Zugang zu diesen Ressourcen kann erhebliche wirtschaftliche und geopolitische Auswirkungen haben und das Kräfteverhältnis zwischen den an der Erforschung des Planeten beteiligten Nationen beeinflussen.

Die interplanetare Erforschung ist mit der aktiven Beteiligung privater Unternehmen an der Suche nach dem Mars in eine neue Phase eingetreten. Unternehmen wie; SpaceX, Blue Origin und andere führen ehrgeizige Initiativen an, um Menschen auf den Roten Planeten zu bringen.

Die Beteiligung privater Unternehmen an der interplanetaren Erforschung stellt einen bedeutenden Meilenstein in der Geschichte der Weltraumforschung dar. Unternehmen wie SpaceX, gegründet von Elon Musk, entwickeln revolutionäre Technologien und innovative Strategien, um bemannte Missionen zum Mars zu ermöglichen. Dieser neue Ansatz stellt die traditionelle Hegemonie staatlicher Raumfahrtbehörden in Frage und beschleunigt das Tempo der interplanetaren Erforschung.
Die Suche nach dem Mars stellt private Unternehmen vor enorme technische und finanzielle Herausforderungen. Interplanetare Reisen erfordern Fortschritte in den Bereichen Antrieb,

Lebenserhaltung, Strahlenschutz und komplexe Logistik. Darüber hinaus sind die mit solchen Unternehmungen verbundenen Kosten erheblich. Die Fähigkeit privater Unternehmen, diese Herausforderungen zu meistern, wird über den Erfolg ihrer Initiativen entscheiden.

Das Interesse privater Unternehmen am Mars hat tiefgreifende geopolitische Auswirkungen. Einerseits kann die Beteiligung privater Unternehmen die Akteure bei der interplanetaren Erforschung diversifizieren, Innovationen anregen und den technologischen Fortschritt beschleunigen. Andererseits könnte dadurch eine neue Dynamik des Wettbewerbs zwischen Unternehmen und Nationen um die Kontrolle und Ausbeutung der Marsressourcen entstehen.

Der Eintritt dieser Unternehmen in das interplanetare Szenario stellt die traditionelle Rolle staatlicher Raumfahrtbehörden in Frage. Zwar gibt es Möglichkeiten zur Zusammenarbeit, wie etwa die Partnerschaft zwischen NASA und SpaceX beim Artemis-Programm, aber auch Potenzial für direkte Konkurrenz. Private Unternehmen sind nun in der Lage, eine zentrale Rolle bei der Bestimmung des Verlaufs der interplanetaren Erforschung zu spielen.

Der Aufstieg privater Unternehmen in der Marserkundung wirft wichtige Fragen zur Regulierung und Steuerung interplanetarer Weltraumaktivitäten auf. Die internationale Gemeinschaft muss regulatorische Rahmenbedingungen entwickeln, die die Sicherheit, Nachhaltigkeit und Rechenschaftspflicht von Operationen auf dem Mars gewährleisten und dabei kommerzielle Interessen mit dem Gemeinwohl der interplanetaren Erforschung in Einklang bringen.

Die Suche nach dem Mars durch private Unternehmen stellt eine neue Ära in der interplanetaren Erforschung dar. Die geopolitischen Auswirkungen dieser Entwicklung sind enorm und werden die Zukunft der Weltraumforschung prägen.

Wie private Unternehmen die technischen, finanziellen und regulatorischen Herausforderungen beim Erreichen des Mars angehen, wird nicht nur über den Erfolg ihrer Initiativen entscheiden, sondern auch über die Rolle privater Unternehmen beim Aufbau der interplanetaren Zukunft der Menschheit.

Schließlich geht die menschliche Erforschung des Mars, ob privat oder staatlich, noch weiter, sie stellt einen Höhepunkt der Suche nach Wissen und der Ausweitung der menschlichen Präsenz im Weltraum dar. Es handelt sich nicht nur um eine wissenschaftliche und technologische Errungenschaft, sondern auch um ein Feld komplexer geopolitischer Dynamiken. Wie Nationen mit den Herausforderungen der Marserkundung umgehen und welche geopolitischen Implikationen damit verbunden sind, wird die nächste Ära der Weltraumforschung prägen und die globale Landschaft beeinflussen.

KAPITEL 14: NACHHALTIGKEIT UND ETHIK IM WELTRAUM: GEOPOLITISCHE ÜBERLEGUNGEN BEI DER NACHHALTIGEN WELTRAUMFORSCHUNG

Da die Weltraumforschung voranschreitet und die Anwesenheit von Menschen im Weltraum immer häufiger wird, besteht ein dringender Bedarf, sich mit Fragen der Nachhaltigkeit und Ethik zu befassen. Jetzt untersuchen wir die geopolitischen Komplexitäten, die mit einer nachhaltigen Weltraumforschung verbunden sind, einschließlich Ressourcenmanagement, Umweltschutz und ethischen Überlegungen in einem globalen Kontext.

Nachhaltige Weltraumforschung steht vor großen technischen und politischen Herausforderungen. Ein effektives Management knapper Ressourcen wie Wasser und Mineralien ist von entscheidender Bedeutung, um sicherzustellen, dass die Weltraumforschung langfristig rentabel ist. Darüber hinaus sind die Erhaltung der Weltraumumgebung und die Minimierung von Weltraummüll wesentliche Anliegen für die Aufrechterhaltung des Nutzens und der Sicherheit des Weltraums.
Die Suche nach Nachhaltigkeit im Weltraum hat erhebliche geopolitische Implikationen. Die Kontrolle und Zuteilung von Weltraumressourcen kann zu Streitigkeiten und Verhandlungen zwischen Nationen führen. Die Fähigkeit von Ländern und privaten Unternehmen, Weltraumressourcen zu verwalten und zu schonen, kann ihren Status und Einfluss auf der globalen Bühne beeinflussen.

Unter Weltraumschrott, auch Weltraummüll oder Orbitalmüll genannt, versteht man alle von Menschenhand geschaffenen Objekte, die sich im Orbit um die Erde befinden und keinen

Nutzen mehr haben. Dazu gehören alte Satelliten, Raketenstufen, Fragmente von Kollisionen und andere Trümmer, die von früheren Weltraumaktivitäten zurückgelassen wurden.

Die Ansammlung von Weltraummüll ist ein ernstes und wachsendes Problem. Mit zunehmenden Weltraumaktivitäten steigt das Risiko von Kollisionen zwischen Objekten im Orbit, die mehr Trümmer erzeugen und möglicherweise Schäden an betriebsbereiten Satelliten und Raumstationen verursachen können. Darüber hinaus stellt Weltraumschrott auch eine Gefahr für künftige bemannte Weltraummissionen dar.
Zur Eindämmung des Weltraummüllproblems werden verschiedene Strategien und Initiativen erwogen und umgesetzt:

1. Aktive Entfernung: Hier geht es um den Einsatz von Technologien zum aktiven Einfangen oder Bewegen von Weltraumschrott. Es gibt mehrere Vorschläge, darunter Satelliten, die mit Roboterarmen oder Netzen ausgestattet sind, um Trümmer aufzufangen.

2. Kontrolliertes Deorbitieren: Dabei geht es darum, Satelliten am Ende ihrer Nutzungsdauer zu deaktivieren, um sie in eine niedrigere Umlaufbahn zu bringen, wo sie schließlich wieder in die Atmosphäre eintreten und verglühen.

3. Nachhaltiges Design: Erstellen Sie Satelliten und andere Weltraumobjekte, um die Entstehung von Weltraummüll zu minimieren. Dabei kann es sich beispielsweise um die Implementierung von Mechanismen zum kontrollierten Deorbitieren handeln.

4. Kollisionsüberwachung und -prävention: Die Verfolgung und Vorhersage der Umlaufbahnen von Weltraumobjekten ist entscheidend für die Vermeidung von Kollisionen. Raumfahrtagenturen und -organisationen auf der ganzen Welt entwickeln Trackingsysteme und tauschen Informationen aus, um Kollisionen zu vermeiden.

5. Regeln und Vorschriften: Internationale Regeln und Vorschriften für den verantwortungsvollen Umgang mit Weltraummüll festlegen. Dabei kann es sich um Vereinbarungen darüber handeln, wie mit der Stilllegung von Satelliten und dem Umgang mit Trümmern umzugehen ist.

6. Bildung und Bewusstsein: Es ist von entscheidender Bedeutung, das Bewusstsein für das Problem des Weltraummülls zu schärfen. Dazu können öffentliche Aufklärungskampagnen, wissenschaftliche Öffentlichkeitsarbeit und Bemühungen gehören, die Weltgemeinschaft in die Suche nach Lösungen einzubeziehen.

7. Anreize für bewährte Praktiken: Anreize für Unternehmen und Organisationen schaffen, die nachhaltige Praktiken im Weltraum anwenden, z. B. die aktive Entfernung von Trümmern oder die Entwicklung kontrollierter Deaktivierungstechnologien.

8. Forschung und Entwicklung: Investieren Sie in die Forschung, um neue Technologien und Ansätze für den effektiven und nachhaltigen Umgang mit Weltraummüll zu entwickeln.

Der Erhalt von Weltraumökosystemen, der Schutz möglicher Formen außerirdischen Lebens und die Berücksichtigung der Auswirkungen unserer Aktivitäten im Weltraum sind ethische Gebote. Die internationale Gemeinschaft muss ethische und rechtliche Standards entwickeln, um die Weltraumforschung verantwortungsvoll zu steuern.

Die Fähigkeit einer Nation oder eines Unternehmens, eine Führungsrolle bei der Nachhaltigkeit im Weltraum zu übernehmen, könnte zu einem bedeutenden geopolitischen Wettbewerbsfaktor werden. Länder, die innovative Technologien und Praktiken für die nachhaltige Erforschung des Weltraums entwickeln, können wertvolle internationale Partnerschaften eingehen und auf der globalen Bühne Ansehen erlangen.

Das Streben nach Nachhaltigkeit im Weltraum bietet auch Chancen für internationale Zusammenarbeit. Es können Vereinbarungen und Verträge geschlossen werden, um die Erforschung und Verwaltung von Weltraumressourcen zu regeln. Die Zusammenarbeit zwischen Nationen kann bei dieser neuen Erkundung Effizienz, Sicherheit und nachhaltige Verantwortung fördern.

Die mit diesem komplexen Unterfangen verbundenen geopolitischen Überlegungen sind unbestreitbar. Verantwortungsvolles Ressourcenmanagement, Umweltschutz und die Einhaltung ethischer Standards bei der Weltraumforschung werden nicht nur die Entwicklung des Weltraums, sondern auch die Position der Nationen auf der globalen Bühne prägen. Es ist wichtig, dass die internationale Gemeinschaft zusammenarbeitet, um diese Herausforderungen anzugehen und eine nachhaltige und ethische Zukunft im Weltraum zu gewährleisten.

KAPITEL 15: DIE ZUKUNFT DER ASTROPOLITIK: TRENDS UND VORHERSAGEN

Da die Weltraumforschung immer weiter voranschreitet, ist es von entscheidender Bedeutung, zukünftige Trends und Vorhersagen im Bereich der Astropolitik zu berücksichtigen. Wir werden die möglichen Richtungen untersuchen, die die Astropolitik einschlagen könnte, und dabei technologische Entwicklungen, geopolitische Veränderungen und neue Herausforderungen berücksichtigen, die die Zukunft der Weltraumforschung prägen werden.

Die Zukunft der Astropolitik wird maßgeblich vom weiteren technologischen Fortschritt beeinflusst. Die Entwicklung neuer Weltraumantriebe, verbesserte Robotik und Automatisierung sowie Fortschritte bei der Erforschung von Weltraumressourcen werden erhebliche Auswirkungen auf die Strategien und Ziele von Nationen im Weltraum haben. Darüber hinaus werden Innovationen in der Weltraumkommunikation und -navigation neue Möglichkeiten für die interplanetare Erforschung eröffnen.

Das Gleichgewicht zwischen Wettbewerb und Zusammenarbeit im Weltraum wird sich weiter entwickeln. Während der Wettbewerb um Weltraumressourcen und Prestige Realität bleiben wird, wird eine Zunahme der internationalen Zusammenarbeit bei Weltraumforschungsprojekten erwartet. Die Bildung von Partnerschaften zwischen Nationen und privaten Unternehmen für komplexe Weltraummissionen wird ein herausragendes Merkmal der zukünftigen Astropolitik sein.

Am Horizont der Astropolitik werden neue Herausforderungen auftauchen. Wachsende Bedenken hinsichtlich der Cybersicherheit im Weltraum, der Notwendigkeit, kommerzielle

Aktivitäten im Weltraum zu regulieren, sowie Konfliktmanagement und Zusammenarbeit im Orbit werden zentrale Diskussionsthemen und politische Maßnahmen sein. Darüber hinaus wird die Erforschung entfernter Himmelskörper wie Asteroiden und Monde äußerer Planeten beispiellose logistische und technologische Herausforderungen mit sich bringen.

Die Suche nach Nachhaltigkeit und ethischen Überlegungen wird auf dieser Reise noch mehr an Relevanz gewinnen. Der verantwortungsvolle Umgang mit den Weltraumressourcen, der Umweltschutz und die Einhaltung ethischer Standards bei der Weltraumforschung werden zunehmend im Fokus stehen.

Die Zukunft der Astropolitik wird durch ein komplexes Zusammenspiel von technologischen Fortschritten, sich entwickelnden geopolitischen Dynamiken und neuen Herausforderungen geprägt sein. Die Fähigkeit von Nationen und privaten Akteuren, sich an diese Veränderungen anzupassen und effektiv zusammenzuarbeiten, wird den Verlauf der Weltraumforschung bestimmen.

KAPITEL 16: ERZÄHLUNGEN UND WELTRAUMKULTUR: EINFLÜSSE AUF DIE ASTROPOLITIK

Die Erforschung des Weltraums ist nicht nur ein wissenschaftliches und technologisches Unterfangen, sondern auch eine kulturelle Erzählung, die Einfluss auf die Astropolitik hat. Schauen wir uns an, wie Weltraumnarrative und -kultur die öffentliche Wahrnehmung prägen, die Regierungspolitik beeinflussen und eine Rolle bei der Definition der Weltraumprioritäten einer Nation spielen.

Erzählungen über die Erforschung des Weltraums spielen eine entscheidende Rolle bei der Bildung der öffentlichen Meinung und der Definition der Weltraumziele einer Nation. Von der „Final Frontier"-Erzählung, die die Erforschung des Mondes vorangetrieben hat, über die Suche nach außerirdischem Leben bis hin zur Kolonisierung des Mars prägen Erzählungen die Art und Weise, wie wir unseren Platz im Kosmos sehen, und beeinflussen politische Entscheidungen in Bezug auf den Weltraum.

Die Weltraumkultur durchdringt jeden Aspekt der modernen Gesellschaft. Es spiegelt sich in Filmen, Fernsehsendungen, Literatur und sogar Mode und Musik wider. Diese gemeinsame Kultur schafft ein Gefühl der kollektiven Identität in Bezug auf die Weltraumforschung und beeinflusst die öffentliche Bereitschaft, Investitionen in Weltraumprogramme zu unterstützen.

Weltraumnarrative und -kultur haben einen direkten Einfluss auf die von Regierungen verabschiedete Weltraumpolitik.

Die Prioritäten bei der Zuweisung von Ressourcen für Raumfahrtprogramme, die Betonung bemannter Missionen im Vergleich zu Robotermissionen und der Ansatz zur internationalen Zusammenarbeit im Weltraum werden von der Art und Weise beeinflusst, wie die Weltraumforschung in der Populärkultur wahrgenommen und geschätzt wird.

Es kann auch ein Punkt des Wettbewerbs und der Zusammenarbeit zwischen Nationen sein. Die Produktion von Weltraumfilmen und -programmen sowie die Werbung für Weltraumerfolge können dazu genutzt werden, das Prestige und die technologische Führungsrolle eines Landes zu demonstrieren. Gleichzeitig können kulturelle Zusammenarbeiten im Weltraum, etwa Filmprojekte oder internationale Weltraumausstellungen, Diplomatie und gegenseitiges Verständnis fördern.

Mit fortschreitender Weltraumforschung werden neue Erzählungen und kulturelle Ausdrucksformen entstehen. Von der Erforschung von Asteroiden bis zur Suche nach Leben auf Exoplaneten haben diese neuen Erzählungen die Art und Weise geprägt, wie wir den Kosmos wahrnehmen und uns ihm nähern. Das Verständnis der Schnittstelle zwischen Erzählungen, Kultur und Astropolitik ist von entscheidender Bedeutung, um die Zukunft der Weltraumforschung auf sinnvolle und inspirierende Weise zu steuern.

Die Beziehung zwischen Erzählungen, Kultur und Astropolitik ist ein grundlegender Aspekt der zeitgenössischen Weltraumforschung. Um eine nachhaltige und sinnvolle Zukunft im Universum zu gestalten, ist es entscheidend zu verstehen, wie die Geschichten, die wir über den Weltraum erzählen, unsere Richtlinien und Bestrebungen beeinflussen. Indem wir die Kraft von Erzählungen und der Weltraumkultur erkennen und nutzen, können wir die Erkundung auf eine Weise steuern, die die höchsten Werte und Ziele der Menschheit widerspiegelt.

KAPITEL 17: RECHTLICHE HERAUSFORDERUNGEN IM WELTRAUMZEITALTER: VORSCHRIFTEN UND STREITBEILEGUNG

Die Erforschung und Nutzung des Weltraums hat eine Reihe komplexer rechtlicher Herausforderungen mit sich gebracht, die einen sorgfältigen und überlegten Ansatz erfordern. Wir werden aufkommende rechtliche Herausforderungen analysieren, einschließlich der Aneignung von Weltraumressourcen und der Haftung für Schäden im Weltraum, sowie die Bedeutung internationaler Rechtssysteme bei der Lösung von Weltraumstreitigkeiten.

Eine der größten rechtlichen Herausforderungen im Weltraumzeitalter ist die Frage der Aneignung von Weltraumressourcen. Mit fortschreitender Technologie wird die Möglichkeit, Mineralien und andere Ressourcen aus Himmelskörpern zu gewinnen, zur greifbaren Realität. Allerdings gehen die aktuellen Rechtssysteme nicht ausreichend auf die Frage des Eigentums und der Nutzung dieser Ressourcen ein, wodurch ein Rechtsvakuum entsteht, das gefüllt werden muss.

Mit der Zunahme der Weltraumaktivität wird die Frage der Haftung für im Weltraum verursachte Schäden immer relevanter. Kollisionen zwischen Satelliten, die Entstehung von Weltraummüll und mögliche Schäden an künftigen Weltraumeinrichtungen werfen die Frage auf, wer für solche Vorfälle verantwortlich ist und wie die Verantwortung zugewiesen und geregelt werden soll.

Internationale Rechtssysteme spielen eine entscheidende Rolle bei der Beilegung von Streitigkeiten und der Schaffung von Vorschriften für die Erforschung und Nutzung des Weltraums. Internationale Verträge und Vereinbarungen wie der Weltraumvertrag von 1967 bilden einen grundlegenden rechtlichen Rahmen für Aktivitäten im Weltraum. Die Entwicklung der Weltraumaktivitäten erfordert jedoch eine ständige Überprüfung und Aktualisierung dieser Rechtsinstrumente, um sicherzustellen, dass sie relevant und wirksam bleiben.

Neben der Festlegung von Vorschriften stellt die wirksame Umsetzung und Durchsetzung von Weltraumgesetzen weitere Herausforderungen dar. Um die Einhaltung der Weltraumvorschriften in einem komplexen und dynamischen internationalen Umfeld sicherzustellen, ist die Zusammenarbeit und Koordination zwischen den an der Weltraumforschung beteiligten Nationen und Organisationen erforderlich.

Da die Weltraumforschung voranschreitet, ist es unerlässlich, dass die internationale Gemeinschaft diese rechtlichen Herausforderungen proaktiv und gemeinsam angeht. Die Schaffung klarer und wirksamer Vorschriften, die Festlegung von Verantwortlichkeiten und die Implementierung von Streitbeilegungsmechanismen sind entscheidende Schritte, um ein sicheres, nachhaltiges und produktives Weltraumumfeld für alle Nationen zu gewährleisten.

Rechtliche Herausforderungen im Weltraumzeitalter sind komplex, aber nicht unüberwindbar. Mit einem kollaborativen und zukunftsorientierten Ansatz kann die internationale Gemeinschaft wirksame rechtliche Lösungen entwickeln, die die Erforschung und Erforschung des Weltraums auf verantwortungsvolle und vorteilhafte Weise für die gesamte Menschheit ermöglichen.

ABSCHLUSS

Die Reise durch die Seiten dieses Buches führte uns auf eine Reise durch die komplexe Schnittstelle zwischen Astropolitik, Geopolitik und Weltraumforschung. Von den Anfängen des Weltraumrennens bis zu den heutigen Unternehmungen privater Unternehmen zum Mars erforschen wir die geopolitischen Dynamiken, die unsere Erforschung des Kosmos prägen.

Auf dieser Reise skizzieren wir die Grundlagen der Astropolitik – die Kunst und Wissenschaft, die politischen und strategischen Implikationen der Weltraumforschung zu steuern. Vom Wettlauf ins All und dem Kalten Krieg bis hin zu den Verträgen und Vorschriften, die unsere Präsenz im Weltraum bestimmen, hat uns jedes Kapitel einen einzigartigen Einblick in die Komplexität und Herausforderungen gegeben, denen wir gegenüberstehen.

Wir vertiefen unser Verständnis der neuen räumlichen Narrative und Kulturen, die entstehen und die Art und Weise beeinflussen, wie wir den Raum wahrnehmen und mit ihm interagieren. Die Weltraumkultur, sei es durch Filme oder künstlerische Ausdrucksformen, spielt eine wichtige Rolle dabei, wie wir uns unseren Platz im Universum vorstellen.

Darüber hinaus untersuchen wir die rechtlichen Herausforderungen des Weltraumzeitalters, von der Ressourcenaneignung bis zur Haftung für Schäden im Weltraum. Internationale Rechtssysteme spielen eine entscheidende Rolle bei der Beilegung von Streitigkeiten und der Schaffung von Vorschriften, die unsere Erforschung des Weltraums leiten.

Als wir uns von dieser Reise verabschieden, werden wir daran erinnert, dass die Erforschung des Weltraums eine kollektive

Suche ist, die Grenzen und Nationalitäten überschreitet. Es ist ein Spiegelbild der angeborenen Neugier und des menschlichen Wunsches, das Unbekannte zu erforschen. Mögen wir diesen Weg, geleitet von Zusammenarbeit, Ethik und Verantwortung, weiter vorantreiben, um eine Weltraumzukunft zu gestalten, die der gesamten Menschheit zugute kommt. Schließlich liegt der Weltraum mit seinen Geheimnissen und Versprechen in unserer Reichweite – es ist unsere Pflicht, ihn mit Weisheit und Respekt zu erkunden.

---

[1] Eine entscheidende Studiehandelt es sich im Allgemeinen um eine Phase-III-Studie zu einer neuen Intervention, die darauf abzielt, die für eine Entscheidung einer Regulierungsbehörde erforderlichen Daten bereitzustellen.

ÜBER DEN AUTOR

Jose Ruiz Watzeck

Journalistin, Schriftstellerin, Autorin, Geografin, Mathematikerin, Professorin, Neuropsychopädin, Spezialistin für Hochschullehre, Postgraduierte in Audit, Management und Umweltlizenzen, Postgraduierte in Geoprocessing und Georeferenzierung, Pädagogin.